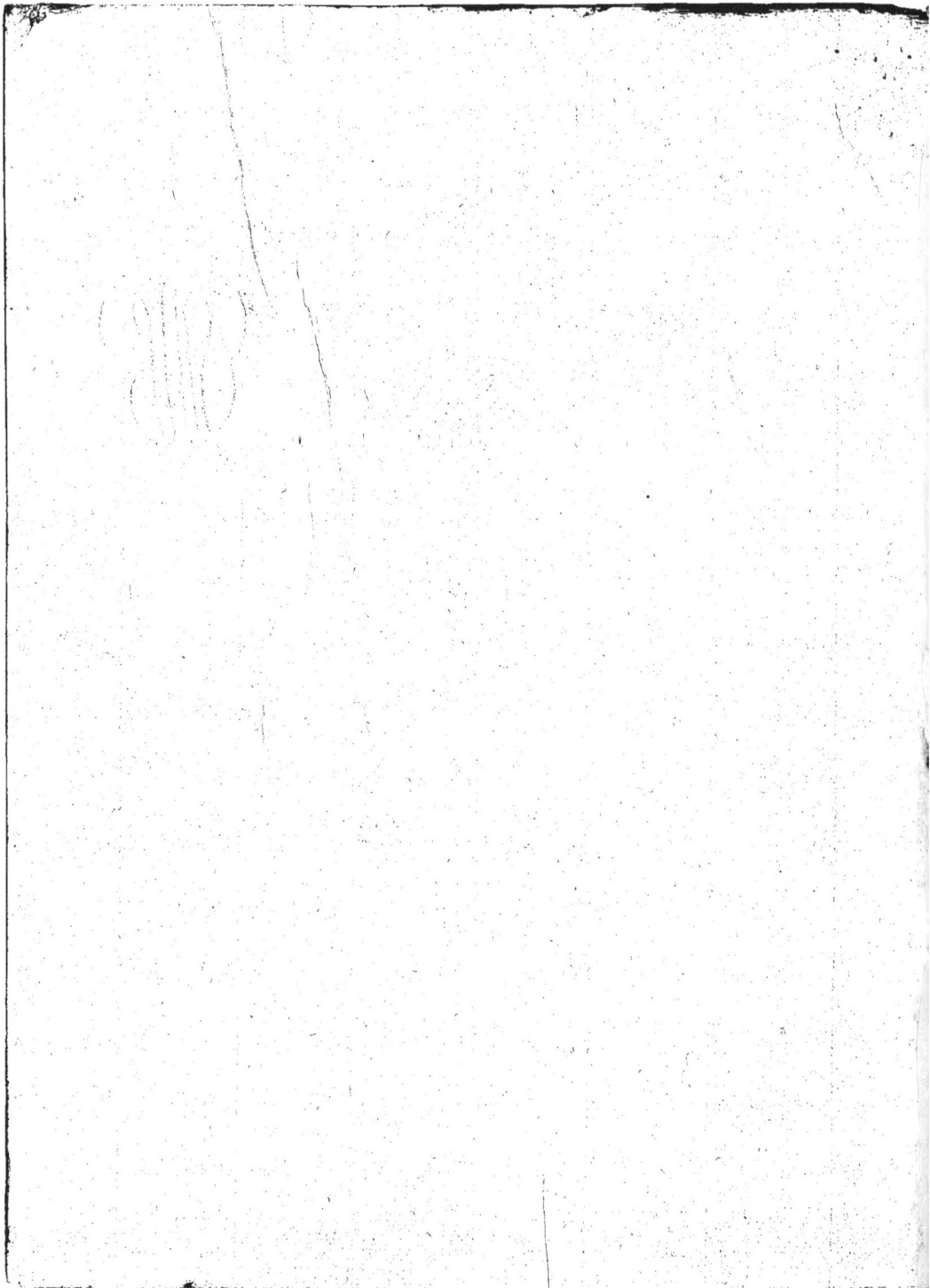

MODE DE MESURAGE

PRIX DE BASE ET DE RÈGLEMENT.

(C.)

MODE

DE

MESURAGE, PRIX DE BASE

ET DE RÈGLEMENT

APPLICABLES AUX TRAVAUX DE MENUISERIE, A FAÇON ET FOURNITURES
EXÉCUTÉS DANS LA VILLE DE LYON (RHONE)

PUBLIÉS

PAR C. BRIZARD

Architecte-Vérificateur en Bâtiments, inspecteur des travaux de l'Ecole impériale Vétérinaire de Lyon.

ÉDITION DE 1856.

Tout Exemplaire non revêtu de ma signature, sera poursuivi devant les Tribunaux.

LYON

IMPRIMERIE ADMINISTRATIVE DE CHANOINE

SE VEND A LYON

CHEZ L'AUTEUR, rue des Capucins, 6.
— POTALIER, cours Morand, 2 (Brotteaux).
CHEZ SÈVE-LIOGER, rue de la Barre.
— MOURAUD, rue Nationale (Vaise).

1856

INTRODUCTION.

De toutes les parties du bâtiment, la Menuiserie est sans contredit la plus compliquée ; il en résulte que l'une des grandes difficultés que présente l'exercice de cette profession, consiste à se rendre un compte exact des dépenses et à fixer le prix de revient d'une manière certaine ; car l'habitude dans l'exécution des travaux est insuffisante, si elle n'est accompagnée des éléments d'une juste appréciation des dépenses.

Pour arriver à ce but, nous avons commencé par établir un Tarif réglant la main-d'œuvre. Ce Tarif, comme celui à façon et fournitures que nous allons publier, était réclamé depuis longtemps dans la ville de Lyon, afin de rendre, par les détails qu'il renferme, l'estimation des travaux de la Menuiserie beaucoup plus exacte qu'elle ne l'est aujourd'hui en usage.

J'ose espérer que MM. les *propriétaires, architectes, vérificateurs et les entrepreneurs,* trouveront dans ce travail les garanties propres à assurer les intérêts de chacun.

L'auteur, dégagé de tout esprit de spéculation, a publié ce Tarif dans le désir d'être utile ; son but sera rempli si les personnes intéressées l'accueillent favorablement.

OBSERVATIONS GÉNÉRALES.

Epaisseur des Bois.

Dans nos tableaux de prix de base, nous avons fixé les épaisseurs des bois comme ils se livrent dans le commerce (*c'est-à-dire que les épaisseurs portées sont celles que lesdits bois avaient avant d'être en œuvre*).

De l'achat des Bois.

Les bois de sapin se vendent à la douzaine et partie au mètre superficiel ; afin d'avoir un prix moyen pour chaque épaisseur de bois, nous les avons tous réduits au mètre superficiel, en tenant compte de l'avantage de leur largeur et longueur.

Les bois de sapin, tels que esseliers, chevrons, lambourdes en sapin et en mélèze, qui se vendent à la douzaine et au mètre linéaire, nous les avons réduits au mètre linéaire, afin d'avoir un prix moyen pour chaque épaisseur, en tenant compte de l'avantage de leur longueur.

Les bois en chêne se vendent en planches, au mètre linéaire et au mètre superficiel ; nous avons opéré comme pour le bois de sapin pour obtenir le prix réduit par chaque épaisseur du mètre superficiel, en tenant toujours compte de l'avantage que présente leur longueur et largeur.

Les bois de chêne, tels que membrures, lambourdes, etc., se vendent généralement au mètre linéaire.

ÉTABLISSEMENT DES PRIX.

Des Bois bruts.

Les prix des bois bruts fixés à nos tableaux de prix de base, comprennent les droits d'octroi, le transport de chez le marchand au chantier de l'entrepreneur, le chargement et le déchargement, empilage, etc.

(Voir les tableaux de prix de base.)

Des Bois en œuvre.

Pour trouver les prix réduits des bois en œuvre, nous avons tenu compte des déchets d'équarrissement, de ceux de défectuosité, nœuds vicieux, aubier, etc. etc., et de ceux de sciage de longueur et largeur, pour réduire ces bois en frises, battants, bâtis, etc.

(Voir les tableaux de prix de base.)

Des Règlements.

1° Les prix fixés dans nos tableaux de règlement des ouvrages de menuiserie, sont pour des travaux neufs bien faits; ils comprennent, en outre, tous les travaux accessoires, tels que fausses coupes, coupes biaises, onglets, rainures ou languettes d'embrèvement, entailles ordinaires et profilées lors de la pose, etc., et le montage et pose en place des ouvrages.

2° Tous les ouvrages de menuiserie pour devantures et fermetures de magasins, avec volets en bois, seront payés 1/10e en plus des prix fixés dans nos tableaux de règlement, pour plus value de choix de bois, main-d'œuvre et difficulté de pose.

3° Les mêmes ouvrages pour devantures et fermetures de magasins, avec volets en fer, seront payés 1/6e en plus des prix fixés dans nos tableaux de règlement, pour plus value de choix de bois, petites parties, difficulté et temps perdu pour la pose desdites.

4° Les travaux qui seront faits par petite quantité pour raccordements ou autres qui nécessiteraient beaucoup de dérangement, seront payés avec une augmentation que nous laissons à apprécier en raison de leurs difficultés d'exécution, et qui pourraient s'élever jusqu'à 10 p. 0/0 en plus des prix portés à nos tableaux de prix de règlement.

Des Bénéfices et faux Frais.

Pour obtenir les bénéfices et faux frais à allouer aux Entrepreneurs, nous avons pris pour base trois ateliers de Menuiserie occupant en termes moyens 5, 10 et 20 ouvriers; nous avons calculé les déboursés de ce que peut faire par année chaque atelier.

(Voir nos tableaux de prix de base.)

Mode de Paiement.

Pour arrêter nos prix, nous avons déterminé un mode de paiement ainsi qu'il suit: 5/10 dans le courant des travaux par état de situation, 2/10 après la fin des travaux, 3/10 quatre mois après les derniers paiements.

Si ces paiements se font à des époques plus éloignées ou plus rapprochées, il y aurait lieu de tenir compte de l'intérêt de la différence à raison de 6 pour 0/0.

Mode de Mesurage.

Les ouvrages seront mesurés au mètre superficiel, linéaire et à la pièce, sans aucun usage, à l'exception des ouvrages cintrés en plan, en élévation et à doubles courbures.

(Voir les observations à la fin de chaque chapitre de nos prix de règlement.)

Manière d'établir, de rédiger les Mémoires relatifs aux Ouvrages de Menuiserie.

Les ouvrages de Menuiserie ont de particulier que ceux de même valeur portent des noms différents, soit en raison de la place qu'ils occupent, de l'emploi auquel ils sont destinés, soit enfin que leur disposition n'est pas la même; il est alors convenable, pour éviter dans le mesurage et dans la rédaction des Mémoires la multiplicité des articles, d'établir les Mémoires de deux manières, savoir :

En établissant à chaque article la valeur pécuniaire des ouvrages qui sont exprimés, et en portant cette valeur en marge, par colonne, ou bien, quand il y a une répétition d'ouvrages semblables, mais qui, par la manière dont ils sont nécessairement placés dans le cours du Mémoire, s'y trouvent disséminés avec d'autres qui sont aussi de même nature, mais éloignés les uns des autres ; on prend le parti de faire à la fin du Mémoire un sommaire ou une récapitulation de tous les articles, en n'en formant qu'un de tous ceux qui désignent des travaux semblables, et en mettant alors à cet article, qu'on pourrait appeler article général, la valeur pécuniaire qui doit naturellement lui être attribuée ; ce moyen est préférable à cette première manière ; on évite une immense répétition de calculs qu'il aurait fallu faire pour chaque article séparé ; on évite aussi d'attribuer, par distraction ou faute de mémoire, une valeur différente à des ouvrages absolument les mêmes ; on évite nécessairement aussi quelques erreurs toujours possibles dans un grand nombre de calculs, etc. On se procure enfin l'avantage de voir, pour ainsi dire, dans un même tableau, les objets de nature rapprochée ou de nature dissemblable ; ce qui met à même de pouvoir mieux juger comparativement de la justesse des prix qui y sont accolés. C'est donc de ce seul moyen qu'il sera parlé ici.

Indépendamment du moyen que nous exposons ci-dessus, il y a dans un Mémoire de Menuiserie tant d'articles différents, qu'il faut, pour s'y reconnaître, fixer un ordre dans l'exposé qu'on doit en faire ; c'est pourquoi nous avons pris le parti de déterminer, qu'après avoir mis dans le cours du Mémoire, en colonne de marge, les seuls produits des mesures pour tous les objets qui y sont assujettis ou les quantités seulement pour ceux qui se comptent, indiquant la nature de ces produits et quantités par un titre abrégé mis au-dessus. On ajoute ou on récapitule ensemble toutes les quantités en sommes d'objets semblables pour former de chacune un seul article qui entre dans la confection de ce qu'on appelle la récapitulation ou le résumé, et on classe ensuite les articles des récapitulations ou résumés par ordre et par chapitre que renferment nos Prix de règlements, et enfin les articles estimés à prix d'argent dans le cours des Mémoires.

Ce détail trop succinct pouvant ne pas paraître suffisant, il semblera sans doute plus satisfaisant d'avoir quelques exemples sous les yeux où se trouveront quelques articles entremêlés pour bien connaître comment ils se disposent d'abord dans un mémoire, et même comme on les désigne à la colonne d'émargement, et comment ensuite on les démêle en faisant une récapitulation qui facilite le moyen d'appliquer en un seul article la valeur d'objets qui, dans le cours du Mémoire, pouvaient en former dix, vingt ou trente, etc.

MODÈLE DU MÉMOIRE DE MENUISERIE

Mémoire des travaux de Menuiserie exécutés pour le compte de M. propriétaire, en sa maison rue n° , à Lyon.

Sous les ordres et la direction de M. architecte.

EXERCICE 185 .

Par (*Mettre ici le nom et la demeure de l'Entrepreneur*).

BATIMENT D'HABITATION.

PREMIER ÉTAGE.

Vestibule.

La fourniture et pose d'une porte palière en chêne, bâtis 041^m, cadres 050^m, panneaux 027^m, à grands cadres embrevés, 1 parement et arasé de 2^m 30 × 1^m 30	Lambris à grands cadres embrevés, 1 parement et arasé en chêne, bâtis 041^m, cadres 050^m, panneaux 027^m. 2^m 99.
Le chambranle au pourtour en chêne de 034^m, ravalé de moulures de 5^m 90 × 0^m 10 de largeur	Superficiel de chambranle, ravalé de moulures, chêne, 034^m. 0^m 59.
La plus value sur le panneau de la porte des moulures, élégies sur les plates-bandes, ensemble 5^m 80, ci	Linéaires de moulures, chêne, élégies sur les plates-bandes. 5^m 80.
Plus value, 8 coins ronds de 0^m 10 de rayon à 0^f 15 l'un, ci	Argent. 1^f 20.
Les plinthes à l'intérieur en sapin de 013^m, ensemble 10^m 00 × 0,13^c de largeur, produit	Plinthes en sapin de 013^m. 1^m 30.
Les cimaises en sapin de 030^m, ensemble 10^m 00 × 0^m 05 de largeur	Cimaises en sapin de 030^m. 0^m 50.

Chambre à coucher, Salle à manger, Salon, etc. etc.

Les parquets à fougères en chêne 027^{m}, sur lambourdes sapin de 054^{m} sur 07^{c}, de 20^{m} 00 × 31^{m} 00 de largeur.	Parquets à fougères en chêne 027^{m}, sur lambourdes sapin de 054^{m} sur 07^{c}. 620^{m} 00.
Les esseliers en sapin 054^{m}, ensemble 52^{m} 00, ci.	Esseliers en sapin 054^{m}. 52^{m} 00.
Plus value des feuillures, élégies sur lesdites, ensemble 15^{m} 00 à 0^{f} 08 le mètre.	Argent. 1^{f} 20.
Les portes de communication en sapin, bâtis 034^{m}, panneaux 013^{m}, à petits cadres, 2 parements, profil de 05^{c}, de chaque 2^{m} 10 × ensemble 4^{m} 00	Boiseries en sapin, bâtis 034^{m}, panneaux 013^{m} à petits cadres, 2 parements, profil de 05^{c}. 8^{m} 40.
Les chambranles en sapin de 034^{m}, ensemble 39^{m} 00 × 0^{m} 08 . . .	Chambranle en sapin de 034^{m}. 3^{m} 12.
Les lambris d'appui en sapin, bâtis 034^{m}, panneaux 020^{m}, à petits cadres, profil de 05^{c}, brut derrière, ensemble 63^{m} 00 × 0^{m} 75	Boiseries en sapin, bâtis 034^{m}, panneaux 020^{m} à petits cadres, profil de 05^{c}, brut derrière. 47^{m} 25.
Les faces des placards en sapin, bâtis 034^{m}, panneaux 020^{m}, à petits cadres, profil de 05^{c} et à glace de l'autre, de chaque 3^{m} 00 × ensemble 5^{m} 30.	Boiseries en sapin, bâtis 034^{m}, panneaux 013^{m} à petits cadres, profil de 05^{c} et à glace. 15^{m} 90.
A l'intérieur les montants en sapin de 027^{m}, 1 parement rainé, ensemble 12^{m} 00 × 0^{m} 50, ci.	Sapin 027^{m}, 1 parement rainé. 6^{m} 00.
Les 2 montants milieu en sapin 027^{m}, 2 parements rainés, ensemble 6^{m} 00 × 0^{m} 50. . . . . 3^{m} 00 Les tablettes en sapin id. ensemble 20^{m} 00 × 0^{m} 50. . . 10^{m} 00 Ensemble. . . . . 13^{m} 00	Sapin 027^{m}, 2 parements rainés. 13^{m} 00.
Les tasseaux en sapin, ensemble 4^{m} 00 de longueur	Tasseaux en sapin. 4^{m} 00.
Dans la chambre à coucher, la corniche en sapin de 17^{m} 00 × 0^{m} 30.	Corniche en sapin. 5^{m} 10.
Plus value de denticules rapportées, ensemble 17^{m} 00 à 0^{f} 40 le mètre.	Argent. 6^{f} 80.

Dans la Cuisine.

La fourniture et pose d'une cloison vitrée.

La partie d'appui en lambris sapin, bâtis 034^{m}, panneaux 020^{m} à petits cadres, profil de 035^{m}, 2 parements de 3^{m} 00 × 1^{m} 00 . . . . .

Lambris sapin, bâtis 034^{m}, panneaux 020^{m}, à petits cadres, profil de 035^{m}, 2 parements. 3^{m} 00.

La partie vitrée à la grecque en sapin, bâtis 034^{m}, petits bois chêne 034^{m} de 3^{m} 00 × 2^{m} 00 . . . .

Châssis sapin 034^{m} à la grecque. 6^{m} 00.

La fourniture et pose des croisées en chêne, dormant 054^{m}, châssis 041^{m}, à glace, de chaque 2^{m} 30 × ensemble 5^{m} 60. . . . .

Croisées en chêne à glace; dormant 054^{m}, châssis 041^{m}. 12^{m} 88.

Les volets brisés en 4 feuilles en sapin, profil de 015^{m}, bâtis 027^{m}, panneaux 013^{m}, de chaque 2^{m} 30 × ensemble 5^{m} 00 . . . .

Volets brisés en 4 feuilles en sapin 027^{m}. 11^{m} 50.

On pourrait aller plus loin en donnant encore des fragments d'autres sortes d'ouvrages de Menuiserie ; mais il n'était ici question que de donner une idée de la manière d'établir les articles d'un Mémoire ; et sans doute ce qui vient d'être dit doit être suffisant, mais on doit donner le résumé ou la récapitulation d'un semblable mémoire.

RÉSUMÉ.

Nos D'ORDRE.	QUANTITÉ en DEMANDE.	QUANTITÉ en RÈGLEMENT.	DÉSIGNATION DES TRAVAUX.	PRIX en DEMANDE.	PRIX en RÈGLEMENT.	SOMMES en DEMANDE.	SOMMES en RÈGLEMENT.
			Travaux au mètre superficiel.				
1	» »	6m00	de bois uni en sapin, 027m, 1 parement rainé; le mètre	» »	3f 20	» »	19f 20
2	» »	13 00	de bois uni en sapin, 027m, 2 parements rainés ; le mètre	» »	3 40	» »	44 20
3	» »	620 00	de parquets à fougères en chêne, 027m, sur lambourdes sapin de 054m, sur 07c; le mètre	» »	9 50	» »	589 »
4	» »	6 00	de châssis sapin 034m, à la grecque ; le mètre.	» »	7 67	» »	45 02
5	» »	12 88	de croisées en chêne à glace, dormant 054m, châssis 041m; le mètre.	» »	8 »	» »	103 04
6	» »	11 50	de volets brisés en 4 feuilles sapin 027m ; le mètre	» »	6 40	» »	73 60
7	» »	47 25	de boiseries en sapin, bâtis 034m, panneaux 020m, à petits cadres, profil de 05c, brut derrière ; le mètre	» »	6 15	» »	290 59
8	» »	15 90	de boiseries en sapin, bâtis 034m, profil de 05c et à glace; le mètre.	» »	7 10	» »	112 89
9	» »	8 40	de boiseries en sapin, bâtis 034m, panneaux 013m, à petits cadres, 2 parements, profil de 05c; le mètre	» »	7 10	» »	59 64
10	» »	3 00	de boiseries sapin, bâtis 034m, panneaux 020m, à petits cadres, 2 parements, profil de 035m; le mètre.	» »	7 10	» »	21 30
			A reporter.	» »	» »	» »	1,358f 48

Nos D'ORDRE.	QUANTITÉ en DEMANDE.	QUANTITÉ en RÈGLEMENT.	DÉSIGNATION DES TRAVAUX.	PRIX en DEMANDE.	PRIX en RÈGLEMENT.	SOMMES en DEMANDE.	SOMMES en RÈGLEMENT.
			D'autre part.	» »	»f »	» »	1,358f 48
11	» »	2m 99	de lambris en chêne, à grands cadres embrevés, 1 parement et arasé, bâtis 041m, cadres 050m et de même profil, panneaux 027m; le mètre.	» »	22 »	» »	65 78
12	» »	1 30	de plinthes en sapin 020m; le mètre . .	» »	5 75	» »	7 48
13	» »	0 50	de cimaises en sapin de 030m; le mètre.	» »	12 50	» »	6 25
14	» »	0 59	de chambranle ordinaire en sapin 030m, ravalé de moulures; le mètre	» »	12 50	» »	7 38
15	» »	3 12	de chambranle chêne 034m; le mètre. .	» »	21 »	» »	65 52
16	» »	5 10	de corniche sapin; le mètre	» »	7 75	» »	39 53
			Travaux au mètre linéaire.				
17	» »	52 00	d'esseliers en sapin 054m; le mètre. .	» »	1 15	» »	59 80
18	» »	4 00	de tasseaux sapin; le mètre	» »	» 30	» »	1 20
19	» »	5 80	de moulures chêne, élégies sur les platesbandes; le mètre	» »	» 30	» »	1 74
20	» »	» »	Articles énoncés en argent dans le cours du présent Mémoire, montant ensemble à la somme de	» »	» »	» »	8 90
			TOTAL	» »	» »	» »	1,622f 06

RELEVÉ des Travaux de Menuiserie portés au présent Mémoire.

1	2	3	4	5
Bois unis, sapin, 027^m, 1 parement rainé.	Bois unis, sapin, 027^m, 2 parements rainés.	Parquets à fougères sur lambourdes sapin, de 054^m sur 07^c.	Châssis sapin, 034^m, à la grecque.	Croisées en chêne à glace, dormant 054^m, châssis 041^m.
6^m 00.	13^m 00.	620^m 00	6^m 00.	12^m 88.
6	7	8	9	10
Volets brisés en 4 feuilles sapin 027^m.	Boiseries en sapin, bâtis 034^m, panneaux 020^m à petits cadres, profil de 05^c, brut derrière.	Boiseries en sapin, bâtis 034^m à petits cadres, profil de 05^c et à glace.	Boiseries en sapin, bâtis 034^m, panneaux 013^m, à petits cadres, 2 parements, profil de 05^c.	Boiseries en sapin, bâtis 034^m, panneaux 020^m à petits cadres, 2 parements, profil de 035^m.
11^m 50.	47^m 25.	15^m 19.	8^m 40.	3^m 00.
11	12	13	14	15
Lambris en chêne, à grands cadres embrevés, 1 parement et arasé, bâtis 041^m, cadres 050^m, panneaux 027^m.	Plinthes en sapin 054^m.	Cimaises en sapin 030^m.	Chambranle ordinaire en sapin 030^m, ravalé de moulures.	Chambranle chêne 034^m.
2^m 99.	1^m 30.	0^m 50.	3^m 12.	0^m 59.
16	17	18	19	20
Corniches en sapin.	Linéaires d'esseliers en sapin 054^m.	Linéaires de tasseaux en sapin.	Linéaires de moulures chêne, élégies sur les plates-bandes.	Articles d'argent.
4^m 00.	52^m 00.	5^m 10.	5^m 80.	0^f 90 / 1 20 / 6 80 } 8^f 90.

PRIX DE BASE.

Nos DES ARTICLES.	NATURE des BOIS.	DÉSIGNATION des ÉCHANTILLONS.	ÉPAISSEURS en MILLIMÈTRES.	LARGEUR.	VALEUR en DÉBOURSÉS Rendu au chantier de l'entrepreneur.	Mis en œuvre.
		Bois de sapin.				
					Le mètre superficiel.	
1	Sapin . .	Feuillet ou carte, de	0m 005mil.	Toute largeur.	1f 20	1f 40
		Id. — de	0 013	»	1 40	1 60
		Id. — de	0 016	»	1 60	1 80
		Id. ordinaire, de	0 020	»	1 80	2 10
		Id. 1re qualité, de	0 020	»	2 »	2 30
		Planches — de	0 027	»	1 90	2 20
		Id. fortes, de	0 030	»	2 25	2 60
		Id. — de	0 034	»	2 75	3 15
		Id. — de	0 041	»	3 50	4 05
		Madriers ou plateaux, de	0 048	»	5 10	5 90
		Id. — de	0 054	»	5 80	6 70
		Id. — de	0 061	»	6 50	7 30
		Id. — de	0 080	»	8 »	9 20
					Le mètre linéaire.	
2	Sapin . .	Esseliers, de	0m 054mil.	0m 13c	0f 60	0f 66
		Id. forts, de	0 070	0 16	0 70	0 78
		Chevrons, de	0 100	0 11	0 65	0 72
		Lambourdes, de	0 070	0 08	0 35	0 38
		Id. de	0 054	0 07	0 27	0 30
		Bois de chêne.				
					Le mètre superficiel.	
3	Chêne . .	Feuillet ou carte, de	0m 005mil.	Toute largeur.	3f »	3f 60
		Id. dit lambris, de	0 013	»	3 40	4 18
		Id. — de	0 016	»	3 70	4 44
		Id. — de	0 020	»	4 »	4 80
		Planches, de	0 027	»	4 25	5 10
		Id. de	0 034	»	5 »	6 »
		Id. de	0 041	»	5 50	6 60
		Id. de	0 048	»	7 25	8 35
		Madriers ou plateaux, de	0 054	»	8 50	9 80
		Id. — de	0 061	»	10 »	11 55
		Id. — de	0 068	»	12 »	13 80
		Id. — de	0 080	»	14 50	15 60
		Id. — de	0 110	»	18 »	20 80

Nos DES ARTICLES.	NATURE des BOIS.	DÉSIGNATION des ÉCHANTILLONS.	ÉPAISSEURS en MILLIMÈTRES.	LARGEUR.	VALEUR ET DÉBOURSÉS Rendu au chantier de l'entrepreneur.	Mis en œuvre.
		Bois de chêne.			Le mètre linéaire.	
4	Chêne . .	Membrures, de.	0m11c	0m10c	1f 20	1f 32
		Id. de.	0 08	0 08	0 90	1 »
		Bois de noyer.			Le mètre superficiel.	
		Feuillet ou carte, de.	0m005mil.	Toute largeur.	3f 60	4f 30
		Id. ordinaire, dit lambris, de.	0 013	»	4 18	5 »
		Id. — de.	0 016	»	4 44	5 35
		Id. — de.	0 020	»	4 80	5 75
		Planches — de.	0 027	»	5 10	6 10
		Id. — de.	0 034	»	6 »	7 20
5	Noyer . .	*Id.* — de.	0 041	»	6 60	7 95
		Id. — de.	0 048	»	8 35	10 10
		Madriers ou plateaux, de.	0 054	»	9 80	11 80
		Id. — de.	0 061	»	11 55	13 85
		Id. — de.	0 068	»	14 50	17 25
		Id. — de.	0 080	»	16 80	19 30
		Id. — de.	0 110	»	20 »	22 85

PRIX DES JOURNÉES.

(NOTA. Les prix fixés ci-dessous au tableau, sont pour une journée de 10 heures de travail effectif.)

Nos des articles	DÉSIGNATIONS.	PRIX.	OBSERVATIONS.
	Menuisier ordinaire	3f 50c	
	Marchandeur.	4 »	
	Scieurs de long, en été.	8 »	
	Scieurs de long, en hiver.	7 »	

VALEUR de la colle entrant dans 1m 00 superficiel de parties pleines.

Nos des articles	DÉSIGNATIONS.	ÉPAISSEURS EN MILLIMÈTRES.	PARTIES RAINÉES par planches entières.	PARTIES RAINÉES par frises.	OBSERVATIONS
	Bois de chêne ou sapin, des épaisseurs de .	0m 013mil. à 0m 020mil.	0f 08c	0f 11c	
		0 027	0 09	0 12	
		0 034	0 10	0 13	
		0 041	0 11	0 14	
		0 054	0 13	0 17	
		0 080	0 17	0 22	
		0 100	0 20	0 26	

VALEUR des clous ou pointes entrant dans 1m 00 linéaire et superficiel.

Nos des articles	DÉSIGNATIONS.	ÉPAISSEURS EN MILLIMÈTRES.	LE MÈTRE linéaire de 0,08 à 0,15.	LE MÈTRE superficiel.	OBSERVATIONS
	Bois de chêne ou sapin, des épaisseurs de .	0m 013mil à 0m 020mil.	0f 035	0f 070	
		0 027	0 059	0 135	
		0 034	0 089	0 178	
		0 041	0 101	0 221	
		0 054	0 121	0 300	

DÉTAILS qui ont servi à établir les faux frais et bénéfice, en prenant pour base 3 ateliers différents en nombre d'ouvriers, et considérant d'après les travaux que généralement la fourniture est de moitié en plus que la main-d'œuvre.

(Les Tableaux qui suivent ont été faits d'après ces rapports.)

TABLEVU N° 1.

Evaluation des faux frais.

DÉTAILS.	ATELIERS OCCUPANT TERME MOYEN			OBSERVATIONS.
	5 ouvriers.	10 ouvriers.	20 ouvriers.	
Loyer de l'atelier.	480f »	900f »	1,650f »	
Patente et centimes additionnels.	100 »	150 »	240 »	
Intérêt d'un matériel de 1,000, 2,000 et 4,000 fr., à 5 p. 0/0.	50 »	100 »	200 »	
Déperdition de ce matériel.	20 »	50 »	130 »	
Intérêt des marchandises restant toujours en magasins, 1,200, 5,000 et 10,000 fr., à 5 p. 0/0. . .	60 »	250 »	500 »	
Transport des travaux	85 »	135 »	400 »	
Temps perdu pour déchargement de voitures de bois venant du marchand, rentrer et empiler, chargement et déchargement des menuiseries.	90 »	180 »	380 »	
Ports de lettres et menus frais	15 »	35 »	100 »	
TOTAL des faux frais	900f »	1,800f »	3,600f »	

TABLEAU N° 2.

Sommes à prélever sur les bénéfices.

DÉTAILS	ATELIER OCCUPANT TERME MOYEN 5 ouvriers.	10 ouvriers.	20 ouvriers.	OBSERVATIONS.
Loyer de l'habitation et frais personnels	1,900f »	2,500f »	4,000f »	
Contribution personnelle	10 »	15 »	20 »	
Avance de fonds, pendant 6 mois, de 2,000, 5,000 et 12,000 fr., à 5 p. 0/0	50 »	125 »	300 »	
Etablissement des mémoires et devis	219 »	439 »	878 »	
Frais de débitage, plans, contre-maîtres, etc. . . .	» »	700 »	2,000 »	
1er Total.	2,179f »	3,779f »	7,198f »	
Moins ce que l'entrepreneur de l'atelier de 5 ouvriers peut faire lui-même à son établi, évalué à	400 »	» »	» »	
Total des frais indispensables à prélever. .	1,779f »	3,779f »	7,198f »	

TABLEAU N° 3.

ÉTAT APPROXIMATIF de ce que peuvent faire de travaux par an trois ateliers différant en nombre d'ouvriers, supposant l'année composée de 288 jours de travail, déduction faite des dimanches et fêtes, ainsi que les jours de travail que manquent les ouvriers.

DÉTAILS.	ATELIERS OCCUPANT TERME MOYEN			OBSERVATIONS.
	5 ouvriers.	10 ouvriers.	20 ouvriers.	
288 journées, comme il vient d'être dit, à 3f 75c l'une	5,400f »	10,800f »	21,600f »	
Faux frais d'après le tableau n° 1, au 1/6e de la main d'œuvre	900 »	1,800 »	3,600 »	
Bois, clous, colle, etc., évalués terme moyen 5/10es en plus que la main-d'œuvre	8,100 »	16,200 »	32,400 »	
Déboursés	14,400f »	28,800f »	57,600f »	
Bénéfice, 1/6 de ces déboursés	2,400 »	4,800 »	9,600 »	
Total des travaux de chaque atelier (1)	16,800f »	33,600f »	67,200f »	

(1) Il résulte de ce tableau que le bénéfice est de 1/7e du montant des travaux réglés aux prix portés à nos tableaux.

Le tableau n° 2 indique le prélèvement indispensable à faire sur ce bénéfice et démontre combien ce qui reste est minime; notre avis est qu'il aurait dû être porté à 1/5me; toutefois de prime abord cette demande fut trouvée exagérée; mais nous avons laissé subsister la fraction reconnue et accordée depuis longtemps, pensant qu'à l'appui de ces preuves, on n'hésitera pas, dans bien des circonstances, à accorder le 1/5me de bénéfice.

Le bénéfice est d'autant plus faible, que l'entrepreneur a encore à sa charge les pertes imprévues dont nous n'avons pas parlé.

Récapitulation des bénéfices.

RÉCAPITULATION DES BÉNÉFICES.	ATELIERS OCCUPANT TERME MOYEN 5 ouvriers.	ATELIERS OCCUPANT TERME MOYEN 10 ouvriers.	ATELIERS OCCUPANT TERME MOYEN 20 ouvriers.	OBSERVATIONS.
Les montants des bénéfices portés au tableau n° 3, sont de	2,400f »	4,800f »	9,600f »	Ces ateliers sont considérés devant par moment occuper au moins le double d'ouvriers.
Les frais indispensables à prélever sur ces bénéfices, d'après le tableau n° 2, sont de.	1,779 »	3,779 »	7,198 »	
Il reste pour bénéfice réel	621f »	1,021f »	2,412f »	

PRIX DE RÈGLEMENT.

Nos des ARTICLES.	DÉSIGNATION DES TRAVAUX.			Le mètre superficiel. SAPIN.	CHÊNE.	Nos des PRIX.	OBSERVATIONS.
	CHAPITRE PREMIER.						
	1re Section.						
	OUVRAGES UNIS EN BOIS BRUTS,						
	Au mètre superficiel.						
1	CLOISONS ou séparations de caves et autres tablettes, rayons, côtés, planchers, etc. en planches entières en bois des épaisseurs de	013m à 020m	dressés sur les rives.	2 60	5 »	1	
			dressés rainés . . .	2 75	5 30	2	
		027m à 030m	dressés sur les rives.	2 90	5 50	3	
			dressés rainés . . .	3 10	5 80	4	
		034m	dressés sur les rives.	4 10	7 75	5	
			dressés rainés . . .	4 40	8 10	6	
		041m	dressés sur les rives.	5 40	8 70	7	
			dressés rainés . . .	5 75	9 30	8	

Nos des ARTICLES.	DÉSIGNATION DES TRAVAUX.			Le Mètre superficiel. SAPIN.	CHÊNE.	Nos des PRIX.	OBSERVATIONS.
1	CLOISONS ou séparations de caves et autres tablettes, rayons, côtés, planches, etc. en planches entières en bois des épaisseurs de	048m	dressés sur les rives.	7 75	11 20	9	
			dressés rainés . . .	8 10	11 55	10	
		054m	dressés sur les rives.	8 15	12 95	11	
			dressés rainés . . .	8 55	13 50	12	
		061m	dressés sur les rives.	9 20	15 20	13	
			dressés rainés . . .	9 75	15 80	14	
		080m	dressés sur les rives.	10 90	19 90	15	
			dressés rainés . . .	11 55	20 80	16	

Nos des ARTICLES.	DÉSIGNATION DES TRAVAUX.			Le mètre superficiel. SAPIN.	Nos des PRIX.	OBSERVATIONS.
	2me Section.					
	OUVRAGES EN SAPIN NEUF, UNIS, BLANCHIS, A UN PAREMENT,					
	Au mètre superficiel.					
2	CLOISONS ou séparations, tablettes, rayons, côtés, planchers, etc. en planches entières en bois des épaisseurs de	013m à 020m	dressés rainés . . .	2 90	17	
			rainés, collés . . .	3 15	18	
		027m à 030m	dressés rainés . . .	3 20	19	
			rainés, collés . . .	3 50	20	
		034m	dressés rainés . . .	4 50	21	
			rainés, collés . . .	4 80	22	
		041m	dressés rainés . . .	5 85	23	
			rainés, collés avec languettes rapportées	6 05	24	

Nos des ARTICLES.	DÉSIGNATION DES TRAVAUX.			Le Mètre superficiel. SAPIN.	Nos des PRIX.	OBSERVATIONS.
2	CLOISONS ou séparations, tablettes, rayons, côtés, planchers, etc. en planches entières en bois des épaisseurs de	048^{m}	dressés rainés . . .	8 60	25	
			rainés, collés avec languettes rapportées	9 »	26	
		054^{m}	dressés rainés . . .	9 15	27	
			rainés, collés avec languettes rapportées	9 55	28	
		061^{m}	dressés rainés . . .	9 80	29	
			rainés, collés avec languettes rapportées	10 40	30	
		080^{m}	dressés rainés . . .	11 60	31	
			rainés, collés avec languettes rapportées	12 40	32	

Nos des ARTICLES.	DÉSIGNATION DES TRAVAUX.			Le mètre superficiel. SAPIN.	Nos des PRIX.	OBSERVATIONS.
	3me Section.					
	OUVRAGES UNIS EN SAPIN NEUF, BLANCHIS, A DEUX PAREMENTS,					
	Au mètre superficiel.					
3	CLOISONS ou séparations, tablettes, rayons, côtés, planchers, etc. en planches entières en bois des épaisseurs de	013m à 020m	dressés rainés . . .	3 20	33	
			rainés, collés . . .	3 45	34	
		027m à 030m	dressés rainés . . .	3 40	35	
			rainés, collés . . .	3 65	36	
		034m	dressés rainés. . .	4 80	37	
			rainés, collés . . .	5 »	38	
		041m	dressés rainés . . .	6 »	39	
			rainés, collés avec languettes rapportées	6 30	40	
		048m	dressés rainés . . .	9 10	41	
			rainés, collés avec languettes rapportées.	9 50	42	

Nos des ARTICLES.	DÉSIGNATION DES TRAVAUX.			Le Mètre superficiel. SAPIN.	Nos des PRIX.	OBSERVATIONS.
3	CLOISONS ou séparations, tablettes, rayons, côtés, planchers, etc. en planches entières en bois des épaisseurs de	054m	dressés rainés . . .	9 65	43	
			rainés, collés avec languettes rapportées	10 05	44	
		061m	dressés rainés . . .	10 40	45	
			rainés, collés avec languettes rapportées	11 »	46	
		080m	dressés rainés . . .	12 25	47	
			rainés, collés avec languettes rapportées	13 »	48	

Nos des articles.	Désignation des travaux.			Le mètre superficiel. Sapin.	Chêne.	Noyer.	Nos des prix.	Observations
	4me Section.							
	OUVRAGES UNIS EN BOIS NEUFS, BLANCHIS, CORROYÉS ET REPLANIS, A UN PAREMENT, Au mètre superficiel.							
4	CLOISONS ou séparations, tablettes, rayons, côtés, portes pleines, planchers, etc. en planches entières en bois des épaisseurs de	013m à 020m	Dressés, rainés et collés	3 40	7 50	8 60	49	
			Id. et assemblés ou emboîtés sapin. .	3 90	» »	» »	50	
			Id. et emboîtés chêne ou noyer haut et bas	4 60	8 75	10 »	51	
		027m à 030m	Dressés, rainés et collés	3 70	8 20	10 30	52	
			Id. et assemblés ou emboîtés sapin .	4 40	» »	» »	53	
			Id. et emboîtés chêne ou noyer haut et bas	5 25	9 45	11 55	54	
		034m	Dressés, rainés et collés	5 »	9 50	11 80	55	
			Id. et assemblés ou emboîtés sapin. .	5 80	» »	» »	56	
			Id. et emboîtés chêne ou noyer haut et bas	6 30	11 »	13 20	57	
		041m	Dressés, rainés et collés	6 45	11 25	12 80	58	
			Id. et assemblés ou emboîtés sapin. .	7 25	» »	» »	59	
			Id. et emboîtés chêne ou noyer haut et bas	8 20	13 80	14 50	60	
			Plus value de clefs rapportées et collées. .	0 55	0 65	0 65	61	

Nos des articles.	Désignation des travaux.			Le mètre superficiel. Sapin.	Chêne.	Noyer.	Nos des prix.	Observations
4	CLOISONS ou séparations, tablettes, rayons, côtés, portes pleines, planchers, etc. en planches entières en bois des épaisseurs de	048m	Dressés, rainés, collés avec languettes rapportées. . .	9 30	15 60	17 50	62	
			Id. et assemblés à tenons ou emboîtés sapin.	10 10	» »	» »	63	
			Id. et emboîtés chêne haut et bas.	11 20	17 20	19 25	64	
			Plus value de clefs rapportées et collées. .	0 60	0 70	0 70	65	
		054m	Dressés, rainés, collés avec languettes rapportées. . .	9 80	17 50	20 25	66	
			Id. et assemblés à tenons ou emboîtés sapin.	10 50	» »	» »	67	
			Id. et emboîtés chêne haut et bas. .	11 75	19 20	21 60	68	
			Plus value de clefs rapportées et collées. .	0 65	0 75	0 75	69	
		061m	Dressés, rainés, collés avec languettes rapportées. . .	10 75	20 60	23 50	70	
			Id. et assemblés à tenons ou emboîtés sapin.	11 65	» »	» »	71	
			Id. et emboîtés chêne haut et bas. .	12 95	22 30	25 50	72	
			Plus value de clefs rapportées et collées. .	0 70	0 80	0 80	73	

Nos DES ARTICLES.	DÉSIGNATION DES TRAVAUX.			LE MÈTRE SUPERFICIEL. SAPIN.	CHÊNE.	NOYER.	Nos des PRIX.	OBSERVATIONS
	5me Section.							
	OUVRAGES UNIS EN BOIS NEUFS, BLANCHIS, CORROYÉS ET REPLANIS, A DEUX PAREMENTS,							
	Au mètre superficiel.							
5	CLOISONS ou séparations, tablettes, rayons, côtés, portes pleines, planchers, etc. en planches entières en bois des épaisseurs de	013m à 020m	Dressés, rainés et collés	3 75	7 95	9 10	74	
			Id. et assemblés ou emboîtés sapin. .	4 25	» »	» »	75	
			Id. et emboîtés chêne ou noyer haut et bas	5 »	9 20	10 50	76	
		027m à 030m	Dressés, rainés et collés	4 10	8 70	10 90	77	
			Id. et assemblés ou emboîtés sapin. .	4 80	» »	» »	78	
			Id. et emboîtés chêne ou noyer haut et bas	5 70	10 »	12 50	79	
		034m	Dressés, rainés et collés	5 50	10 20	12 45	80	
			Id. et assemblés ou emboîtés sapin. .	6 30	» »	» »	81	
			Id. et emboîtés chêne ou noyer haut et bas	6 80	11 65	13 85	82	
		041m	Dressés, rainés et collés	7 »	11 95	13 50	83	
			Id. et assemblés ou emboîtés sapin. .	7 80	» »	» »	84	
			Id. et emboîtés chêne ou noyer haut et bas	8 75	14 60	15 20	85	
			Plus value de clefs rapportées et collées . .	0 55	0 65	0 65	86	

Nos des articles.	Désignation des travaux.			Le mètre superficiel. Sapin.	Chêne.	Noyer.	Nos des prix.	Observations
5	Cloisons ou séparations, tablettes, rayons, côtés, portes pleines, planchers, etc. en planches entières en bois des épaisseurs de	048m	Dressés, rainés, collés avec languettes rapportées. . . .	9 90	16 35	18 25	87	
			Id. et assemblés ou emboîtés sapin. .	10 70	» »	» »	88	
			Id. et emboîtés chêne ou noyer haut et bas.	11 80	18 »	20 »	89	
			Plus value de clefs rapportées et collées. .	0 60	0 70	0 70	90	
		054m	Dressés, rainés, collés avec languettes rapportées. . .	10 45	18 45	21 10	91	
			Id. et assemblés ou emboîtés sapin .	11 35	» »	» »	92	
			Id. et emboîtés chêne ou noyer haut et bas.	12 40	20 10	22 50	93	
			Plus value de clefs rapportées et collées. .	0 65	0 75	0 75	94	
		061m	Dressés, rainés, collés avec languettes rapportées . . .	11 45	21 50	24 50	95	
			Id. et assemblés ou emboîtés sapin. .	12 35	» »	» »	96	
			Id. et emboîtés chêne ou noyer haut et bas	13 65	23 25	26 50	97	
			Plus value de clefs rapportées et collées. .	0 70	0 80	0 80	98	

OBSERVATIONS ET MODE DE MESURAGE

Des Bois unis.

1° Les bois unis ou lisses qui seront posés sur parties en pente ou triangulaires, seront toujours mesurés au 7/10e de leur hauteur ou largeur pour mesure réduite.

2° Toutes les alaises en chêne ou en noyer au devant des tablettes en sapin ou autres, seront payées à part, suivant les prix alloués chapitre 18. *Les prix comprendront les rainures et languettes.*

3° Toutes les moulures élégies sur les rives des tablettes ou autres parties unies, ainsi que les épaisseurs arrondies et coins ronds etc... seront payées à part suivant les prix alloués chapitre 24.

4° Les casiers de magasins ou autres seront payés le même prix que les bois unis; mais on comptera à part toutes les rainures à mi-bois, assemblages à queue ou à tenons qui se trouveront dans ces parties. (*Pour le prix des plus values*, voir chapitre 24.)

5° Les Pargues ou parefeuilles placées derrière les portes pleines seront payées à part, suivant le prix alloué chapitre 12 et 15.

6° Toutes les moulures rapportées sur les cloisons ou séparations en bois unis pour former cadres, chambranles ou attiques, seront payées à part, suivant les prix alloués chapitre 20.

7° Les bois unis ou lisses qui seront polis et cirés seront payés en plus des prix ci-dessus (voir chapitre 23).

Parties cintrées.

8° Les bois unis ou lisses qui seront cintrés en plan seront payés le double des prix ci-dessus alloués pour plus values de main-d'œuvre et de déchet de bois.

9° Les parties cintrées en élévation ou chantournées au moyen de traits de scie seront mesurées par équarrissement pour plus values de déchets de bois, mais les chantournements à la scie seront payés à part, suivant les prix alloués chapitre 24.

10° Pour les bois unis qui seront cintrés au moyen de coup de scie, il sera ajouté 2/10es en plus des prix ci-dessus alloués.

N^os DES ARTICLES.	DÉSIGNATION DES TRAVAUX.	LE MÈTRE SUPERFICIEL. SAPIN.	CHÊNE.	NOYER.	N^os des PRIX.	OBSERVATIONS
	CHAPITRE II. — **1re Section.** **PLANCHERS ET PARQUETS EN FRISES.** — PLANCHERS DE SOUPENTE OU AUTRES, SANS LAMBOURDES, EN FRISES SAPIN, BLANCHIS ET CORROYÉS, A DEUX PAREMENTS, Au mètre superficiel.					
6	PLANCHERS de soupente en frises de 0m 13c à 0m 16c de largeur, en bois des épaisseurs de 027m à 030m d'épaisseur.	4 50	» »	» »	99	
	id. 034m — id. . .	5 80	» »	» »	100	
	id. 041m — id. . .	7 50	» »	» »	101	
	0m 09c à 0m 12c de largeur, en bois des épaisseurs de 027m à 030m d'épaisseur.	5 »	» »	» »	102	
	id. 034m — id. . .	6 10	» »	» »	103	
	id. 041m — id. . .	8 »	» »	» »	104	

Nos des articles.	DÉSIGNATION DES TRAVAUX.	LE MÈTRE SUPERFICIEL SUR LAMBOURDES en SAPIN de 054m à 070m	SAPIN de 070m à 080	CHÊNE de 070m à 080	Nos des prix.	OBSERVATIONS
	2me Section.					
	PARQUETS EN FRISES, A JOINTS CHEVAUCHÉS, DITS A L'ANGLAISE, POSÉS SUR LAMBOURDES,					
	Au mètre superficiel.					
7	PARQUETS en frises longues, dites à l'anglaise, de (Le mètre superficiel compris lambourdes.)					
	0m 13c à 0m 16c de largeur en bois des épaisseurs de 027m à 030m en sapin	5 »	5 30	7 »	105	
	0m 13c à 0m 16c — 027m à 030m en mélèze	6 50	6 80	8 50	106	
	0m 13c à 0m 16c — 034m en sapin	5 60	5 90	7 60	107	
	0m 13c à 0m 16c — 034m en mélèze	7 30	7 60	9 30	108	
	0m 13c à 0m 16c — 041m en sapin	7 »	7 30	9 »	109	
	0m 09c à 0m 12c de largeur et au-dessous de 027m à 030m en sapin	5 30	5 60	7 30	110	
	0m 09c à 0m 12c — 027m à 030m en mélèze	6 80	7 10	8 80	111	
	0m 09c à 0m 12c — 027m à 030m en chêne	9 »	9 30	11 »	112	
	0m 09c à 0m 12c — 034m en sapin	6 »	6 30	8 »	113	
	0m 09c à 0m 12c — 034m en mélèze	8 »	8 30	10 »	114	
	0m 09c à 0m 12c — 034m en chêne	11 »	11 30	13 »	115	
	0m 09c à 0m 12c — 041m en sapin	8 »	8 30	9 95	116	
	0m 09c à 0m 12c — 041m en chêne	12 40	12 70	14 »	117	
	Moins value par mètre superficiel pour les parquets sans fournitures de lambourdes	0 75	1 05	2 50	118	
	Plus value par mètre superficiel pour lambourdes en mélèze au lieu de sapin en plus de celles prévues ci-dessus	0 70	1 »	» »	119	

NOTA. — Si les lambourdes sont plus fortes que les dimensions fixées au tableau ci-dessus, on les comptera pour leur valeur réelle, suivant les prix alloués chapitre 12 ; alors il y aura lieu de diminuer la moins value des lambourdes portée ci-dessus. (Observations.)

N^os^ DES ARTICLES.	DÉSIGNATION DES TRAVAUX.	LE MÈTRE SUPERFICIEL SUR LAMBOURDES en: SAPIN de 034m à 070m	SAPIN de 070m à 080m	CHÊNE de 070m à 080m	N^os^ des PRIX.	OBSERVATIONS
	3me Section.					
	PARQUETS A FOUGÈRES OU A POINTS DE HONGRIE,					
	Au mètre superficiel.					
8	PARQUETS à fougères ou à points de Hongrie en frises de 09c à 0,12c de largeur et au-dessous, en bois des épaisseurs de 027m d'épaisseur en sapin.	7 »	7 30	9 »	121	
	027m d'épaisseur en chêne.	9 50	9 80	11 50	122	
	034m en sapin.	7 80	8 10	9 80	123	
	034m en chêne.	11 60	11 90	13 60	124	
	041m en chêne. Le mètre superficiel compris lambourdes.	13 »	13 30	15 »	125	
	Moins value par mètre superficiel pour les Parquets à fougères, sans fourniture de lambourdes.	0 90	1 40	3 10	126	
	Plus value par mètre superficiel pour lambourdes en mélèze au lieu de sapin, en plus de celle déjà comptée.	0 85	1 25	» »	127	

NOTA. — Si les lambourdes sous les Parquets sont plus fortes que les dimensions fixées au tableau ci-dessus, on les comptera à part pour leur valeur réelle suivant les prix alloués chapitre 12 ; alors il y aura lieu de diminuer des prix ci-dessus la valeur des lambourdes comptée par la moins value.

Nos des articles.	DÉSIGNATION DES TRAVAUX.	LE MÈTRE SUPERFICIEL SUR LAMBOURDES en SAPIN 07/08.	CHÊNE 07/08.	Nos des PRIX.	OBSERVATIONS.
	4me Section. — PARQUETS EN FEUILLES.				
9	PARQUETS en feuilles de 1m 00 à 1m 05 à 16 panneaux en chêne ou autres essences de bois durs. — Bâtis 041m — Panneau de 020m à 027m	17 »	18 70	128	
	Moins value par mètre superficiel pour les Parquets à feuilles sans fourniture de lambourdes.	1 40	3 10	129	
	Plus value par mètre superficiel pour lambourdes en mélèze au lieu de sapin, en plus de celle déjà comptée.	1 25	» »	129	
	OBSERVATIONS.				
	1° Les prix fixés dans les tableaux ci-dessus comprennent le replanissage lors de la pose en place des parquets	Obon.	Obon.		
	2° Lorsque les Parquets neufs seront replanis après le passage des peintres, il sera alloué par mètre superficiel, une plus value de :				
	Pour ceux en sapin	» »	0 40	130	
	Pour ceux en chêne.	» »	0 60	131	
	3° Lorsque les Parquets neufs seront replanis et de plus encaustiqués, frottés, il sera alloué par mètre superficiel :				
	Pour ceux en sapin	» »	0 75	132	
	Pour ceux en chêne.	» »	1 10	133	

CHAPITRE III.

CHASSIS, PORTES ET CLOISONS VITRÉS, IMPOSTES ET ARCHIVOLTES SANS DORMANTS RAVALÉS DE MOULURES, *PROFIL DE* 015m *A* 020 *ET A FEUILLURES*,

Au mètre superficiel.

Nos des articles.	Désignation des travaux.			Le mètre superficiel. Sapin.	Chêne.	Noyer.	Nos des prix.	Observations
10	CHASSIS, Portes et Cloisons vitrés, etc. en bois des épaisseurs de Le mètre superficiel.	027m à 030m d'épaisseur.	à glace de 1 à 2 carreaux par mètre. .	5 25	6 75	7 75	134	
			à petits montants ou petits bois de 3 à 5 carreaux par mètre. .	6 »	7 75	8 75	135	
			à petits montants *idem*, mais de 6 à 10 carreaux par mètre. .	7 »	8 25	9 75	136	
		034m d'épaisseur.	à glace de 1 à 2 carreaux par mètre. .	5 75	7 25	8 »	137	
			à petits montants ou petits bois de 3 à 5 carreaux par mètre. .	6 50	8 75	9 75	138	
			à petits montants *idem*, mais de 6 à 10 carreaux par mètre. .	7 50	9 75	11 »	139	
		041m d'épaisseur.	à glace de 1 à 2 carreaux par mètre. .	6 50	8 »	9 »	140	
			à petits montants ou petits bois de 3 à 5 carreaux par mètre. .	7 50	9 25	10 25	141	
			à petits montants *idem*, mais de 6 à 10 carreaux par mètre. .	8 75	10 75	12 25	142	
		048m à 054m d'épaisseur.	à glace de 1 à 2 carreaux par mètre. .	8 75	10 50	12 50	143	
			à petits montants ou petits bois de 3 à 5 carreaux par mètre. .	10 »	13 »	15 50	144	
			à petits montants *idem*, mais de 6 à 10 carreaux par mètre. .	11 50	15 50	18 50	145	

OBSERVATIONS ET MODE DE MESURAGE

Des Châssis, Portes et Cloisons vitrés.

1° Les portes et cloisons vitrées ayant des boiseries d'appui se mesureront d'abord, la partie supérieure comme partie vitrée et ensuite la boiserie d'appui sera comptée suivant sa nature, d'après les Tableaux des boiseries d'assemblages qui suivent, et chacune des hauteurs sera prise au milieu de la traverse séparative.

2° Les dormants seront comptés séparément et payés au mètre linéaire pour leur nature, suivant les prix alloués chapitre 14.

3° Les châssis et cloisons vitrés, etc. qui seront posés sur parties en pente ou triangulaires seront toujours mesurés au 7/10es de leur hauteur ou largeur pour mesures réduites.

4° Les châssis sans petits bois, et qui auront moins d'un carreau par mètre, les bâtis et montants formant pilastres ou autres desdits châssis, seront comptés pour leur nature comme bâtis d'assemblages, et payées suivant les prix alloués chapitre **14**.

5° Si ces bâtis ont des moulures élégies sur la face ou sur les rives extérieures, ces moulures seront comptées séparément, et payées suivant les prix alloués chapitre **24**.

6° Les châssis à grecque et à compartiments obliques, seront payés 1/3 en plus des prix fixés ci-dessus, selon que les compartiments comprendront ou ne comprendront pas plus de carreaux par mètre qu'il en existe pour les prix fixés dans le tableau ci-dessus.

7° Les châssis, cloisons et portes vitrés qui seront avec moulures aux deux parements ou avec parcloses ou moulures rapportées, seront payés *1/10* en plus des prix ci-dessus; seulement toutes les parcloses ou moulures mobiles, seront comptées séparément et payées comme moulures, suivant les prix alloués chapitre 20.

8° Si les châssis, cloisons ou portes vitrés ont des jets d'eau dans le bas, on ajoutera 0^{m} 08^{c} à la hauteur réelle de la partie où se trouvent les jets d'eau.

9° Si les châssis et cloisons vitrés ont une traverse d'imposte saillante formant côtes, on ajoutera 0^{m} 08^{c} à la hauteur réelle.

10° Si les cloisons et portes vitrés ont des montants saillants formant côtes, on ajoutera en plus à la largeur réelle, celle des montants.

11° Si les châssis ou cloisons vitrés ont une imposte ouvrant sur la hauteur, on ajoutera 0^{m} 25^{c}

à la hauteur réelle pour plus value des doubles jets d'eau et traverses d'impostes, ou si cette imposte n'a pas de jets d'eau, on n'ajoutera que 0,17 à la hauteur pour plus value de feuillures et traverses d'impostes.

12° Aux châssis et cloisons vitrés qui ouvriront dans le milieu d'un petit bois sur la hauteur, on ajoutera 0,08 à la hauteur.

13° Aux [châssis et cloisons vitrés qui auront des angles arrondis et tournés, ces coins ronds seront payés séparément suivant les prix alloués chapitre 9.

Cintre.

14° Les châssis et cloisons vitrés, cintrés en élévation, seront d'abord considérés comme parties carrées, et mesurés jusqu'au plus haut du cintre, et pour compenser la plus grande main-d'œuvre des trompillons, traverses, battants rayonnants, la partie cintrée sera comptée double.

15° Aux châssis et cloisons vitrés qui auront des portions de cercles au-dessous de 0,25 de flèche, on ajoutera à la hauteur réelle 0,25 pour plus value de ces segments de cercles ; celles au-dessus de 0,25 de flèche seront comptées comme il est dit plus haut.

16° Les châssis et cloisons vitrés qui seront polis et cirés, seront payés en plus des prix ci-dessus (voir chapitre 23).

Nos des articles.	Désignation des travaux.			Le mètre superficiel. Sapin.	Chêne.	Noyer.	Nos des prix.	Observations
	CHAPITRE IV.							
	CROISÉES ET PORTES-CROISÉES DITES A BALCONS, A GLACE, SANS VOLETS, Au mètre superficiel.							
11	CROISÉES en chêne, de 1 à 2 vantaux, ouvrant à noix, à feuillures et à gueule de loup, avec dormants, jets d'eau et pièce d'appui. Le mètre superficiel, compris montage et pose.	Dormant de 054m Châssis de 034m à 041m	ordinaire	» »	8 »	» »	146	
			à imposte dormant	» »	9 »	» »	147	
			à imposte ouvrant	» »	9 50	» »	148	
		Dormant de 054m Châssis de 047m	ordinaire	» »	10 »	» »	149	
			à imposte dormant	» »	11 »	» »	150	
			à imposte ouvrant	» »	12 »	» »	151	
		Dormant de 068m Châssis de 054m	ordinaire	» »	12 »	» »	152	
			à imposte dormant	» »	13 »	» »	153	
			à imposte ouvrant	» »	14 50	» »	154	

OBSERVATIONS ET MODE DE MESURAGE

Des Croisées et Portes-Croisées.

1° Les portes-croisées dites à balcon seront payées le même prix que les croisées (seulement on ajoutera 0,33 à la hauteur réelle pour plus value du panneau d'appui).

2° Les croisées ou portes-croisées à la grecque seront payées 3/10es en plus des prix ci-dessus alloués.

Cintre.

3° Les croisées et portes-croisées cintrées en archivoltes en élévation, se mesureront comme si elles étaient carrées ; on doublera la hauteur de la partie cintrée pour plus value.

4° Aux croisées et portes-croisées qui seront cintrées d'une portion de cercle jusqu'à 0,25 de flèche, on ajoutera toujours à la hauteur réelle 0m 25c ; au dessus de cette flèche, on doublera la hauteur de la partie cintrée.

5° Les croisées et portes-croisées qui formeront des cintres surbaissés ou demi-ellipse, seront d'abord mesurées au carré, et de plus la hauteur de la partie cintrée sera comptée une fois et demie en plus pour plus value.

Nos des articles.	DÉSIGNATION DES TRAVAUX.			LE MÈTRE SUPERFICIEL. TOUT SAPIN.	CHÊNE et SAPIN.	TOUT CHÊNE.	Nos des PRIX.	OBSERVATIONS.
	CHAPITRE V.							
	VOLETS DE CROISÉES ET DE PORTES A BALCON.							
	Au mètre superficiel.							
11	VOLETS BRISÉS de croisées et portes-croisées dites à balcon à petits cadres de 015m de profil, à plates-bandes un parement et à glace ou arasé de l'autre. Le mètre superficiel, compris noix, congés, feuillures, etc.	En 4 feuilles pour une Croisée ordinaire en	Bâtis de 027m	6 40	8 20	10 »	155	
			Bâtis de 034m	7 25	9 25	12 »	156	
		En 6 feuilles avec battants élégis pour le développement. en	Bâtis de 027m	8 25	10 30	12 »	157	
			Bâtis de 034m	9 »	11 25	13 50	158	
	OBSERVATIONS.							
	Les volets cintrés seront mesurés comme les parties cintrées des croisées.						Obon	

Nos DES ARTICLES.	DÉSIGNATION DES TRAVAUX.	LE MÈTRE SUPERFICIEL. BATIS et PANNEAU SAPIN.	BATIS CHÊNE PANNEAU SAPIN.	BATIS et PANNEAU CHÊNE.	Nos des PRIX.	OBSERVATIONS
	CHAPITRE VI.					
	VOLETS BRISÉS ET MOBILES D'ASSEMBLAGES POUR DEVANTURES ET FERMETURES.					
	Au mètre superficiel.					
	NOTA. — Les prix qui suivent ne comprennent pas la plus value allouée pour les Devantures et fermetures de magasin par les observations générales.					
12	VOLETS brisés et mobiles de devantures et fermetures de magasin à glace. — De 2 à 4 panneaux par mètre en — Bâtis de 027m	6 »	8 »	10 25	159	
	Bâtis de 034m	6 70	9 25	11 60	160	
	De 5 à 7 panneaux par mètre en — Bâtis de 027m	6 80	8 80	11 25	161	
	Bâtis de 034m	7 50	9 75	12 35	162	
	De 8 à 10 panneaux par mètre en — Bâtis de 027m	8 »	10 50	12 90	163	
	Bâtis de 034m	8 75	12 »	13 90	164	
	OBSERVATIONS.			La Pièce.		
	1° Pour les volets brisés qui auront plus de 10 panneaux par mètre superficiel, chaque panneau en plus sera compté à part.					
	Pour ceux en sapin	» »	» »	0 45	165	
	Pour ceux en chêne	» »	» »	0 75	166	
	2° Les volets cintrés seront mesurés comme les parties cintrées des châssis et portes vitrés			Obon		

Nos des articles.	Désignation des travaux.	Le mètre superficiel. Tout sapin.	Chêne et sapin.	Tout chêne.	Nos des prix.	Observations.
	CHAPITRE VII.					
	PERSIENNES ET PORTES-PERSIENNES.					
	Au mètre superficiel.					
13	Persiennes et portes-persiennes. Le mètre superficiel, compris feuillure, battements, congés, etc. — Ouvrant à 2 vantaux en bâtis des épaisseurs de 027m sans dormant. .	7 10	9 50	11 50	167	
	avec dormant. .	8 10	11 75	13 75	168	
	034m sans dormant. .	7 75	10 65	12 50	169	
	avec dormant. .	8 75	13 »	15 »	170	
	041m sans dormant. .	9 25	11 40	13 50	171	
	avec dormant. .	10 40	14 »	16 50	172	
	048m sans dormant. .	11 70	14 60	17 50	173	
	avec dormant. .	14 35	18 »	21 50	174	
	Brisés en 4 feuilles en bâtis des épaisseurs de 027m sans dormant. .	11 50	14 25	17 »	175	
	avec dormant. .	12 70	16 85	19 »	176	
	034m sans dormant. .	12 »	15 »	18 »	177	
	avec dormant. .	13 30	17 25	20 »	178	
	041m sans dormant. .	13 30	16 65	20 »	179	
	avec dormant. .	15 »	19 25	22 50	180	
	Brisés en 6 feuilles, avec battants élégis pour le développemt, en bâtis des épaisseurs de 027m sans dormant. .	15 35	19 15	23 »	181	
	avec dormant. .	16 65	21 25	25 »	182	
	034m sans dormant. .	16 65	20 80	25 »	183	
	avec dormant. .	18 »	23 »	27 »	184	
	041m sans dormant. .	18 65	23 30	28 »	185	
	avec dormant. .	20 »	26 »	30 »	186	

OBSERVATIONS ET MODE DE MESURAGE

Des Persiennes et Portes-Persiennes.

1° Les portes-persiennes seront payées le même prix que les persiennes (seulement on ajoutera 0,33 à la hauteur réelle pour plus value du panneau d'appui, soit à table saillante à glace, ou à petits cadres).

2° Les persiennes et portes-persiennes avec impostes ou archivoltes ouvrant, on ajoutera 0^{m} 25^{c} à la hauteur réelle pour plus value des doubles jets d'eau et traverse d'imposte.

Cintre.

3° Les portes-persiennes et persiennes cintrées en archivoltes en élévation, se mesureront comme si elles étaient carrées, et on doublera la hauteur de la partie cintrée pour plus value.

4° Aux persiennes et portes-persiennes qui seront cintrées d'une portion de cercle jusqu'à 0,25 de flèche, on ajoutera toujours à la hauteur réelle 0^{m} 25^{c} ; au-dessus de cette flèche on doublera la hauteur de la partie cintrée.

5° Les persiennes et portes-persiennes qui formeront des cintres surbaissés ou demi-ellipse, seront d'abord mesurées au carré, et de plus la hauteur de la partie cintrée sera comptée une fois et demie en plus pour plus value.

Nos DES ARTICLES.	DÉSIGNATION DES TRAVAUX.	LE MÈTRE SUPERFICIEL. TOUT SAPIN.	CHÊNE et SAPIN.	TOUT CHÊNE.	TOUT NOYER.	Nos des PRIX.	OBSERVATIONS
	CHAPITRE VIII.						
	BOISERIES OU LAMBRIS D'ASSEMBLAGES.						
	1re Section.						
	Boiseries d'Assemblages à glace, avec ou sans dormant, et avec ou sans plates-bandes, ayant de 1 à 2 panneaux par mètre superficiel.						
	En bâtis de 027m à 030m d'épaisseur. — 1 parement, le derrière brut. . . .	4 50	7 15	8 75	9 75	187	
	— à 2 parements . .	4 80	7 60	9 50	10 50	188	
	En bâtis de 034m d'épaisseur. — 1 parement, le derrière brut. . . .	5 »	8 15	9 75	11 50	189	
	— à 2 parements . .	5 35	8 60	10 60	12 50	190	
	En bâtis de 041m d'épaisseur. — 1 parement, le derrière brut. . . .	6 »	9 »	10 70	13 »	191	
	— à 2 parements . .	6 60	9 75	11 80	14 20	192	
	En bâtis de 048m à 054m d'épaisseur. — 1 parement, le derrière brut. . . .	8 »	12 50	13 45	16 25	193	
	— à 2 parements . .	8 65	13 70	15 »	17 80	194	

Nos des articles.	DÉSIGNATION DES TRAVAUX.		LE MÈTRE SUPERFICIEL. Tout sapin.	Chêne et sapin.	Tout chêne.	Tout noyer.	Nos des prix.	OBSERVATIONS
	2me Section.							
	Boiseries d'Assemblages à panneaux à recouvrement d'un côté et à petits cadres de l'autre, avec ou sans plates-bandes, ayant de 1 à 2 panneaux par mètre superficiel.							
	En bâtis de 027m à 030m d'épaisseur.	à 1 parement, le derrière brut. . .	5 50	8 20	10 »	12 »	195	
		à 2 parements blanchis et replanis .	6 25	9 60	12 »	14 50	196	
	En bâtis de 034m d'épaisseur.	à 1 parement, le derrière brut. . .	6 25	9 40	11 80	14 25	197	
		à 2 parements blanchis et replanis .	7 30	11 30	14 »	16 45	198	
	En bâtis de 041m d'épaisseur.	à 1 parement, le derrière brut. . .	7 65	10 75	13 »	15 80	199	
		à 2 parements blanchis et replanis .	8 50	12 80	16 »	18 80	200	
	En bâtis de 054m d'épaisseur.	à 1 parement, le derrière brut. . .	10 50	15 »	18 »	21 60	201	
		à 2 parements blanchis et replanis .	11 50	17 50	21 »	24 60	202	

Nos des articles.	DÉSIGNATION DES TRAVAUX.	LE MÈTRE SUPERFICIEL.				Nos des prix.	OBSERVATIONS
		TOUT SAPIN.	CHÊNE ET SAPIN.	TOUT CHÊNE.	TOUT NOYER.		
	3me Section.						
	Boiseries à petits cadres, *profil de 015m à 030m de largeur,* avec ou sans dormant et avec ou sans plates-bandes ayant de 1 à 2 panneaux par mètre superficiel.						
	En bâtis de 027m à 030m d'épaisseur. à 1 parement, le derrière brut.	5 25	8 40	10 40	11 60	203	
	En bâtis de 027m à 030m d'épaisseur. à 2 parements, avec ou sans moulures derrière	5 80	9 50	12 50	13 75	204	
	En bâtis de 034m d'épaisseur. à 1 parement, le derrière brut.	5 75	9 25	11 75	12 50	205	
	En bâtis de 034m d'épaisseur. à 2 parements, avec ou sans moulures derrière	6 50	11 20	14 »	15 75	206	
	En bâtis de 041m d'épaisseur. à 1 parement, le derrière brut.	6 90	10 35	13 25	15 50	207	
	En bâtis de 041m d'épaisseur. à 2 parements, avec ou sans moulures derrière	7 80	13 75	16 »	18 25	208	
	En bâtis de 048m à 054m d'épaisseur. à 1 parement, le derrière brut.	9 30	13 50	17 »	19 75	209	
	En bâtis de 048m à 054m d'épaisseur. à 2 parements, avec ou sans moulures derrière	10 80	16 »	19 50	22 25	210	

Nos des articles.	DÉSIGNATION DES TRAVAUX.		LE MÈTRE SUPERFICIEL. Tout sapin.	Chêne et sapin.	Tout chêne.	Tout noyer.	Nos des prix.	OBSERVATIONS
	Boiseries à petits cadres, *profil de 035m à 050m de largeur,* avec ou sans dormant et avec ou sans plates-bandes ayant de 1 à 2 panneaux par mètre superficiel.							
	En bâtis de 027m à 030m d'épaisseur.	à 1 parement, le derrière brut.	5 50	9 50	11 40	12 90	211	
		à 2 parements, avec ou sans moulures derrière	6 30	11 60	13 60	15 10	212	
	En bâtis de 034m d'épaisseur.	à 1 parement, le derrière brut.	6 15	12 »	14 50	16 50	213	
		à 2 parements, avec ou sans moulures derrière	7 10	15 »	17 50	19 50	214	
	En bâtis de 041m d'épaisseur.	à 1 parement, le derrière brut.	7 50	13 50	16 50	19 »	215	
		à 2 parements, avec ou sans moulures derrière	8 »	16 »	19 »	21 50	216	
	En bâtis de 048m à 054m d'épaisseur.	à 1 parement, le derrière brut.	10 »	16 »	19 50	22 50	217	
		à 2 parements, avec ou sans moulures derrière	11 50	19 »	22 50	25 50	218	

Nos des articles.	DÉSIGNATION DES TRAVAUX.	LE MÈTRE SUPERFICIEL. Tout sapin.	Chêne et sapin.	Tout chêne.	Tout noyer.	Nos des prix.	OBSERVATIONS
	Boiseries à petits cadres, *Profil de 052m à 065m de largeur*, avec ou sans dormant et avec ou sans plates-bandes ayant de 1 à 2 panneaux par mètre superficiel.						
	En bâtis de 027m à 030m d'épaisseur. à 1 parement, le derrière brut.	5 80	10 »	12 40	14 90	219	
	à 2 parements, avec ou sans moulures derrière	6 80	13 25	15 60	17 10	220	
	En bâtis de 034m d'épaisseur. à 1 parement, le derrière brut.	6 60	12 80	15 50	17 50	221	
	à 2 parements, avec ou sans moulures derrière	7 30	16 »	19 50	21 50	222	
	En bâtis de 041m d'épaisseur. à 1 parement, le derrière brut.	7 80	14 50	17 50	20 »	223	
	à 2 parements, avec ou sans moulures derrière	8 65	17 50	21 »	23 50	224	
	En bâtis de 048m à 054m d'épaisseur. à 1 parement, le derrière brut.	10 80	17 25	20 60	23 50	225	
	à 2 parements, avec ou sans moulures derrière	12 50	20 50	24 50	27 50	226	

Nos des articles.	DÉSIGNATION DES TRAVAUX.		LE MÈTRE SUPERFICIEL. TOUT SAPIN.	CHÊNE ET SAPIN.	TOUT CHÊNE.	TOUT NOYER.	Nos des PRIX.	OBSERVATIONS
	Boiseries à petits cadres, *Profil de 067m à 080m de longueur,* avec ou sans dormant et avec ou sans plates-bandes ayant de 1 à 2 panneaux par mètre superficiel.							
	En bâtis de 034m d'épaisseur.	à 1 parement, le derrière brut.	7 »	14 50	16 80	21 90	227	
		à 1 parement, le derrière avec ou sans moulures	7 60	17 20	21 50	24 25	228	
		à 2 parements de même profil.	8 »	18 »	22 50	25 25	229	
	En bâtis de 041m d'épaisseur.	à 1 parement, le derrière brut.	8 25	16 50	20 50	25 »	230	
		à 1 parement, le derrière avec ou sans moulures	8 85	18 65	24 »	27 40	231	
		à 2 parements de même profil.	9 25	19 50	24 80	28 50	232	
	En bâtis de 048m à 054m d'épaisseur.	à 1 parement, le derrière brut.	11 75	18 80	25 »	29 25	233	
		à 1 parement, le derrière avec ou sans moulures	13 40	22 »	28 50	32 25	234	
		à 2 parements de même profil.	14 »	23 »	30 »	33 60	235	

Nos DES ARTICLES.	DÉSIGNATION DES TRAVAUX.	LE MÈTRE SUPERFICIEL. TOUT SAPIN.	CHÊNE ET SAPIN.	TOUT CHÊNE.	TOUT NOYER.	Nos des PRIX.	OBSERVATIONS
	4me Section.						
	Boiseries d'Assemblages à grands cadres embrevés, *Profil de 041m à 054m de largeur,* avec ou sans dormant et avec ou sans plates-bandes ayant de 1 à 2 panneaux par mètre superficiel.						
	En bâtis de 027m d'épaisseur. 1 parement, le derrière brut.	8 50	13 50	15 40	17 40	236	
	En bâtis de 027m d'épaisseur. 1 parement, le derrière à glace ou à petits cadres. .	9 50	15 »	17 »	19 »	237	
	En bâtis de 027m d'épaisseur. 2 parements grands cadres. . .	10 35	17 50	19 50	22 »	238	
	En bâtis de 034m d'épaisseur. 1 parement, le derrière brut.	9 25	14 50	17 »	19 50	239	
	En bâtis de 034m d'épaisseur. 1 parement, le derrière à glace ou à petits cadres. .	10 50	17 50	20 »	22 50	240	
	En bâtis de 034m d'épaisseur. 2 parements grands cadres. . .	11 60	19 »	21 50	24 50	241	
	En bâtis de 041m d'épaisseur. 1 parement, le derrière brut.	10 50	16 50	19 50	22 50	242	
	En bâtis de 041m d'épaisseur. 1 parement, le derrière à glace ou à petits cadres. .	11 75	19 50	22 »	25 »	243	
	En bâtis de 041m d'épaisseur. 2 parements grands cadres. . .	12 50	20 »	23 25	26 75	244	
	En bâtis de 048m à 054m d'épaisseur. 1 parement, le derrière brut	12 50	17 »	20 50	24 »	245	
	En bâtis de 048m à 054m d'épaisseur. 1 parement, le derrière à glace ou à petits cadres. .	13 50	21 »	24 50	28 »	246	
	En bâtis de 048m à 054m d'épaisseur. 2 parements grands cadres. . .	14 85	22 50	26 75	30 75	247	
	NOTA. Lorsque les Boiseries d'Assemblages à grands cadres seront avec moulures refouillées derrière formant tarabiscots, gorges ou autres, les prix ci-dessus seront augmentés par mètre superficiel pour :						
	Chaque parement mouluré.	1 80	2 40	2 40	2 40	248	

Nos des articles.	DÉSIGNATION DES TRAVAUX.	LE MÈTRE SUPERFICIEL. Tout sapin.	Chêne et sapin.	Tout chêne.	Tout noyer.	Nos des prix.	OBSERVATIONS
	Boiseries d'Assemblages à grands cadres embrevés, *Profil de 057m à 065m de largeur,* avec ou sans dormant et avec ou sans plates-bandes ayant de 1 à 2 panneaux par mètre superficiel.						
	En bâtis de 034m d'épaisseur. 1 parement, le derrière brut.	10 25	15 »	18 »	20 25	249	
	En bâtis de 034m d'épaisseur. 1 parement, le derrière à glace ou à petits cadres..	11 50	18 »	21 »	23 25	250	
	En bâtis de 034m d'épaisseur. 2 parements grands cadres . . .	12 50	19 »	22 50	25 25	251	
	En bâtis de 041m d'épaisseur. 1 parement, le derrière brut.	11 50	17 »	20 50	23 25	252	
	En bâtis de 041m d'épaisseur. 1 parement, le derrière à glace ou à petits cadres..	12 75	19 50	23 »	25 75	253	
	En bâtis de 041m d'épaisseur. 2 parements grands cadres . . .	13 75	21 50	24 25	27 50	254	
	En bâtis de 048m à 054m d'épaisseur. 1 parement, le derrière brut.	14 »	18 50	22 »	25 75	255	
	En bâtis de 048m à 054m d'épaisseur. 1 parement, le derrière à glace ou à petits cadres..	15 50	21 50	25 50	29 50	256	
	En bâtis de 048m à 054m d'épaisseur. 2 parements grands cadres . . .	16 55	23 »	27 75	32 »	257	
	NOTA. Lorsque les Boiseries d'Assemblages à grands cadres seront avec moulures refouillées derrière, formant tarabiscots, gorges ou autres, les prix ci-dessus seront augmentés par mètre superficiel, pour chaque parement mouluré .	1 80	2 40	2 40	2 40	258	

Nos des articles.	DÉSIGNATION DES TRAVAUX.	LE MÈTRE SUPERFICIEL. Tout sapin.	Chêne et sapin.	Tout chêne.	Tout noyer.	Nos des prix.	OBSERVATIONS
	Boiseries d'Assemblages à grands cadres embrevés, *Profil de 068m à 080m de largeur,* avec ou sans dormant et avec ou sans plates-bandes ayant de 1 à 2 panneaux par mètre superficiel.						
	En bâtis de 034m d'épaisseur. 1 parement, le derrière brut.	12 10	18 »	21 20	24 20	259	
	En bâtis de 034m d'épaisseur. 1 parement, le derrière à glace ou à petits cadres. .	13 25	20 »	23 20	26 50	260	
	En bâtis de 034m d'épaisseur. 2 parements.	14 »	21 50	24 70	28 75	261	
	En bâtis de 041m d'épaisseur. 1 parement, le derrière brut.	13 65	19 75	23 20	26 70	262	
	En bâtis de 041m d'épaisseur. 1 parement, le derrière à glace ou à petits cadres. .	15 »	21 75	25 »	29 »	263	
	En bâtis de 041m d'épaisseur. 2 parements grands cadres. . .	16 »	23 »	26 50	30 50	264	
	En bâtis de 054m d'épaisseur. 1 parement, le derrière brut.	15 80	21 »	24 »	29 »	265	
	En bâtis de 054m d'épaisseur. 1 parement, le derrière à glace ou à petits cadres. .	17 »	23 50	27 »	33 »	266	
	En bâtis de 054m d'épaisseur. 2 parements grands cadres. . .	18 15	26 50	31 »	37 »	267	
	NOTA. Lorsque les Boiseries d'Assemblages à grands cadres seront avec moulures refouillées derrière formant tarabiscots, gorges ou autres, les prix ci-dessus seront augmentés pour : Chaque parement mouluré.	2 »	2 70	2 70	2 70	268	

OBSERVATIONS ET MODE DE MESURAGE

des Boiseries d'Assemblages.

1° Toutes les boiseries d'assemblages seront mesurées et payées au mètre superficiel d'après leur nature et façon, suivant les prix alloués ci-dessus.

2° Tous les dormants ou cadres seront mesurés avec la boiserie d'assemblage ; ceux qui excéderont l'épaisseur des portes seront comptés séparément et payés pour leur nature suivant les prix alloués chapitre 14.

3° Les parties rampantes ou triangulaires se mesureront toujours aux 7/10es de leur hauteur ou largeur pour mesures réduites.

4° Les lambris d'appui comprennent les plinthes et les cimaises. On ajoutera à la hauteur la saillie des cimaises.

5° Les lambris de toute hauteur comprennent les plinthes et cimaises, ainsi que les bandeaux sous les corniches, et leurs hauteurs seront prises sans développement sous le larmier de la corniche.

6° Seront détachées des lambris toutes les moulures rapportées, tels que astragales, architraves, baguettes, pilastres, chambranles, contre-chambranles et cadres, sur les panneaux qui formeront grands cadres ou autres, en un mot toutes les moulures rapportées.

7° Seront aussi comptés séparément, tous les ouvrages de décoration, tels que, coins ronds, traverses cintrées, quart de rond de plate-bande, panneaux en plus de ceux prévus, moulures élégies sur les rives des plates-bandes et panneaux à table saillante, ainsi que les panneaux élégis à pointe de diamant.

8° Il est bien entendu que les panneaux en plus de ceux prévus seront comptés séparément quand la moyenne des panneaux de l'ensemble des boiseries d'une même nature excédera ceux prévus dans les tableaux ci-dessus.

9° Les vides dans les *trumeaux* de cheminée renfermant les *glaces* au-dessous de 0^{m} 40^{c} de surface ne seront pas déduits, ceux au-dessus seront déduits pour moitié de leur surface.

10° Les panneaux à jour dans les portes palières ou de vestibules, seront comptés comme les vides des trumeaux de cheminée.

11° Les plinthes et socles rapportés sur les portes de devantures et fermetures de magasins, ainsi que sur les portes palières et autres, seront comptés séparément et payés suivant les prix alloués chapitre 15.

12° Les mêmes portes qui auront des jets d'eau dans le bas, on ajoutera 0^{m} 10^{c} à la hauteur de la partie où se trouvent les jets d'eau pour plus value d'épaisseur de bois et main d'œuvre de cette traverse.

13° Les mêmes portes qui auront une imposte vitrée, la traverse d'imposte dépendra toujours du châssis et on ajoutera à la hauteur réelle 0^{m} 10^{c} pour plus value d'élégissement et assemblages flottés, ou bien, si l'imposte est ouvrante et avec jets d'eau, on ajoutera 0^{m} 25^{c} à la hauteur pour plus value d'épaisseurs des bois, élégissements et assemblages flottés ; s'il existe aussi sur les traverses d'imposte des moulures rapportées formant corniche ou architrave, ces moulures seront comptées séparément et payées suivant les prix alloués chapitre 20 ; ou bien encore si ces moulures sont élégies dans la masse, elles seront comptées comme moulures élégies et payées suivant les prix alloués chapitre 24.

14° Les boiseries d'assemblages et autres qui seront polies et cirées, seront payées en plus des prix alloués ci-dessus (voir la plus value chapitre 23).

Parties cintrées.

15° Les parties cintrées se mesureront comme il est dit aux observations des châssis et portes vitrées chapitre 3.

Nos DES ARTICLES.	DÉSIGNATION DES TRAVAUX.	LA PIÈCE, EN SAPIN.	LA PIÈCE, EN CHÊNE, NOYER, ou autres ESSENCES DE BOIS DURS.	Nos des PRIX.	OBSERVATIONS

CHAPITRE IX.

PLUS VALUE POUR TRAVAUX EN PLUS DE CEUX PRÉVUS EXÉCUTÉS SUR LES PARTIES VITRÉES ET BOISERIES D'ASSEMBLAGES.

—

1re Section.

Parties vitrées.

Nos des articles	Désignation des travaux			Sapin	Chêne, noyer, etc.	Nos des prix	Observations
14	COINS ronds, tournés, incrustés et collés sur châssis et croisées en bois des épaisseurs de (La pièce.)	027m à 041m d'épaisseur, et de	05c à 08c de rayon.	» 60	1 »	269	
			09c à 12c *id.*	1 »	1 50	270	
			15c à 20c *id.*	1 50	2 25	271	
			25c à 30c *id.*	2 »	3 »	272	
		048m à 054m d'épaisseur, et de	05c à 08c de rayon.	1 »	1 50	273	
			09c à 12c *id.*	1 50	2 »	274	
			15c à 20c *id.*	2 25	3 »	275	
			25c à 30c *id.*	3 »	4 »	276	

2me Section.

—

Sur Boiseries d'Assemblages pour chaque parement.

Nos des articles	Désignation des travaux			Sapin	Chêne, noyer, etc.	Nos des prix	Observations
15	COINS ronds, incrustés, assemblés et collés dans les angles, et retours de portes et boiseries d'assemblages en bois d'un profil de (La pièce.)	01c à 03c de largeur, et de	05c à 08c de rayon.	» 60	1 »	277	
			09c à 12c *id.*	1 »	1 50	278	
			15c à 20c *id.*	1 50	2 25	279	
			25c à 30c *id.*	2 »	3 20	280	
		035m à 065m de largeur, et de	09c à 12c de rayon.	1 50	2 25	281	
			15c à 20c *id.*	2 »	3 »	282	
			25c à 30c *id.*	2 80	4 »	283	
		060m à 080m de largeur, et de	10c à 13c de rayon.	1 75	2 50	284	
			15c à 20c *id.*	2 25	3 50	285	
			25c à 30c *id.*	3 50	5 »	286	

Nos des articles.	Désignation des travaux.	Le mètre superficiel. Sapin.	Chêne.	Noyer.	Nos des prix.	Observations
	3me Section.					
	Plus value pour chaque panneau en plus de ceux prévus sur les Boiseries d'Assemblages.					
16	Pour plus values d'épaisseur de battants, cadres et façons d'assemblages, moulures, rainures et languettes d'embrèvement et plates-bandes au besoin, sur (La pièce.)					
	Boiseries à petits cadres, à 1 parement. Profil de 030m à 050m	» 60	1 »	1 »	287	
	Profil de 052m à 065m	» 85	1 35	1 35	288	
	Profil de 067m à 080m	1 »	1 60	1 60	289	
	Boiseries à petits cadres, à 2 parements. Profil de 030m à 050m	» 75	1 30	1 30	290	
	Profil de 052m à 065m	1 10	2 »	2 »	291	
	Profil de 067m à 080m	1 50	2 25	2 25	292	
	Boiseries à grands cadres embrevés, à 1 parement. Profil de 041m à 054m	1 30	2 30	2 40	293	
	Profil de 057m à 065m	2 »	3 25	3 50	294	
	Profil de 068m à 080m	2 50	4 »	5 »	295	
	Boiseries à grands cadres embrevés, à 2 parements. Profil de 041m à 054m	1 80	2 80	2 90	296	
	Profil de 057m à 065m	2 50	4 50	5 »	297	
	Profil de 068m à 080m	3 »	5 50	6 »	298	

Nos des articles.	DÉSIGNATION DES TRAVAUX.		LA PIÈCE, EN SAPIN.	LA PIÈCE, EN CHÊNE ou NOYER.	Nos des PRIX.	OBSERVATIONS.
	4me Section.					
	Plus value pour chaque angle de plates-bandes des panneaux élégis, cintrés, droits ou à pans, sur les Boiseries d'Assemblages.					
17	Pour façon seulement desdites, de	05c à 10c de rayon . .	» 20	» 30	299	
		15c à 20c id. . .	» 30	» 40	300	
		21c à 25c id. . .	» 40	» 60	301	
			LE MÈTRE LINÉAIRE.			
	Plus value des moulures élégies sur les plates des Boiseries d'Assemblages. (Le mètre linéaire.)	Celles droites	» 25	» 50	302	
		Celles circulaires . . .	1 50	2 25	303	

Nos DES ARTICLES.	DÉSIGNATION DES TRAVAUX.	LE MÈTRE SUPERFICIEL. SAPIN.	CHÊNE.	NOYER.	Nos des PRIX.	OBSERVATIONS.
	5me Section.					
	Plus value pour panneaux élégis en pointe de diamant.	2 50	3 60	3 60	304	
	NOTA. Les prix alloués pour ces panneaux sont pour les surfaces seulement élégies et non pour la totalité des Boiseries.			Obon.		

Nos des articles.	DÉSIGNATION DES TRAVAUX.			LE MÈTRE SUPERFICIEL. Batis, écharpes et panneau sapin.	Batis et écharpes en chêne, panneau sapin.	Batis, écharpes et panneau chêne.	Nos des prix.	OBSERVATIONS

CHAPITRE X.

PORTES CHARRETIÈRES OU DE MAGASINS.

Portes charretières ou de magasins, avec Écharpes derrière.

Nos des articles.	Désignation			Batis, écharpes et panneau sapin.	Batis et écharpes en chêne, panneau sapin.	Batis, écharpes et panneau chêne.	Nos des prix.	Observations
18	PORTES charretières ou de magasins, avec ou sans guichets; panneaux en lames embrevées et moulurées sur les joints, ouvrant à 1 ou 2 vantaux. Le mètre superficiel.	En bâtis 054m jusqu'à 13c de largeur	Panneaux 027m d'épaisseur.	9 50	14 »	21 »	305	
			Panneaux 034m id.	11 »	16 »	25 »	306	
		En bâtis 061m jusqu'à 16c de largeur	Panneaux 027m id.	11 »	18 »	25 »	307	
			Panneaux 034m id	12 50	20 »	29 »	308	
		En bâtis 080m jusqu'à 25c de largeur	Panneaux 027m id.	13 50	24 »	31 »	309	
			Panneaux 034m id.	15 »	26 »	35 »	310	

OBSERVATIONS ET MODE DE MESURAGE.

Les portes charretières ou de magasins, seront mesurées et comptées comme les boiseries d'assemblages.

Celles cintrées en élévation seront mesurées comme les boiseries d'assemblages.

Les bâtis dormants des portes charretières ou de magasins, seront comptés séparément pour leur nature de bois et de façon et payés suivant les prix alloués chapitre 14.

Nos DES ARTICLES.	DÉSIGNATION DES TRAVAUX.	LE MÈTRE SUPERFICIEL. TOUT SAPIN.	CHÊNE et SAPIN.	TOUT CHÊNE.	Nos des PRIX.	OBSERVATIONS
	CHAPITRE XI.					
	PORTES DOUBLÉES ET PIQUÉES DE CLOUS, Au mètre superficiel.					
	NOTA. Les Bâtis d'encadrement des portes seront payés séparément.					
19	En planches de toute largeur. Les 2 parties ensemble 040m d'épaisseur	7 50	12 50	17 »	311	
	En planches de toute largeur. Les 2 parties ensemble 054m d'épaisseur	8 75	13 75	18 50	312	
	En frises moulurées, 1 parement. En frises de 13c à 16c de largeur. Les 2 parties ensemble 040m d'épaisseur	8 25	13 75	19 »	313	
	En frises moulurées, 1 parement. En frises de 13c à 16c de largeur. Les 2 parties ensemble 054m d'épaisseur	9 50	15 25	21 »	314	
	En frises moulurées, 2 parements. En frises de 13c à 16c de largeur. Les 2 parties ensemble 040m d'épaisseur	9 »	15 »	21 »	315	
	En frises moulurées, 2 parements. En frises de 13c à 16c de largeur. Les 2 parties ensemble 054m d'épaisseur	10 25	16 75	23 »	316	
	Plus value par mètre superficiel des parements en frises à fougères, avec moulures élégies sur les joints. .	1 25	2 »	2 50	317	

Nos DES ARTICLES.	DÉSIGNATION DES TRAVAUX.		LE MÈTRE LINÉAIRE. SAPIN.	LE MÈTRE LINÉAIRE. CHÊNE.	Nos des PRIX.	OBSERVATIONS.
	CHAPITRE XII.					
	BOIS BRUTS **Au mètre linéaire.**					
20	BARRES, BATIS, Chevrons, Soliveaux et Lamhourdes en bois bruts assemblés à entailles ou à sifflets, de 0m 08c à 0m 10c de largeur et de. . . (Le mètre linéaire.)	027m à 030m d'épaisseur. .	» 40	» 70	318	
		034m id.	» 50	» 85	319	
		041m id	» 60	1 »	320	
		054m id.	» 70	1 15	321	
		061m id.	» 75	1 30	322	
		068m id.	» 80	1 45	323	
		080m id.	» 85	1 60	324	
		110m id	» 90	1 80	325	
	Les mêmes, en bois bruts assemblés à tenons et mortaises, de 0m 08c à 0m 10c de largeur et de . . . (Le mètre linéaire.)	027m à 030m d'épaisseur. .	» 45	» 80	326	
		034m id.	» 55	» 95	327	
		041m id.	» 68	1 15	328	
		054m id.	» 80	1 35	329	
		061m id.	» 95	1 55	330	
		068m id.	1 05	1 70	331	
		080m id.	1 20	1 95	332	
		110m id.	1 30	2 10	333	

OBSERVATIONS.

Tous les assemblages en plus d'un par mètre linéaire de bâtis ou autres seront comptés séparément et payés suivant les prix alloués Chapitre XXIV (*Observations*).

Ceux en moins ne seront pas déduits (*Observations*).

Nos DES ARTICLES.	DÉSIGNATION DES TRAVAUX.		Le MÈTRE LINÉAIRE en SAPIN.	Nos des PRIX.	OBSERVATIONS.
	CHAPITRE XIII.				
	ESSELIERS ORDINAIRES, BLANCHIS ET CORROYÉS A 3 OU 4 PAREMENTS, ET ASSEMBLÉS A TENONS ET MORTAISES,				
	Au mètre linéaire.				
	(*Compris rainures pour les briques.*)				
21	Unis ou lisses en bois, des épaisseurs de	054m d'épaisseur jusqu'à 0m 12c de largeur.	1 15	334	
		08c *id.* jusqu'à 0m 10c de largeur.	1 60	335	
		11c *id.* jusqu'à 0m 14c de largeur.	2 30	336	
	A feuillures en bois, des épaisseurs de	054m d'épaisseur jusqu'à 0m 12c de largeur.	1 30	337	
		08c *id.* jusqu'à 0m 10c de largeur.	1 75	338	
		11c *id.* jusqu'à 0m 14c de largeur.	2 50	339	

OBSERVATIONS ET MODE DE MESURAGE.

1° Les Esseliers seront mesurés et comptés au mètre linéaire;

2° Tous les assemblages en plus d'un par mètre seront comptés séparément comme il est dit au Chapitre XII. Ceux en moins ne seront pas déduits.

Nos DES ARTICLES.	DÉSIGNATION DES TRAVAUX.	LE MÈTRE LINÉAIRE, EN			Nos des PRIX.	OBSERVATIONS
		SAPIN.	CHÊNE.	NOYER.		

CHAPITRE XIV.

BATIS DES PORTES OU AUTRES, BLANCHIS ET CORROYÉS A 3 OU 4 PAREMENTS, ASSEMBLÉS A TENONS ET MORTAISES.

—

1re Section.

Bâtis au mètre linéaire, compris rainures et feuillures.

Nos DES ARTICLES.	DÉSIGNATION DES TRAVAUX.		SAPIN.	CHÊNE.	NOYER.	Nos des PRIX.	OBSERVATIONS
22	De 05c à 07c de largeur et de (Le mètre linéaire.)	034m à 041m d'épaisseur.	» 75	1 50	1 75	340	
		054m id. . .	1 »	1 75	2 »	341	
		061m id. . .	1 15	2 »	2 25	342	
		068m id. . .	1 30	2 25	2 50	343	
	De 08c à 10e de largeur et de (Le mètre linéaire.)	034m à 041m d'épaisseur.	1 »	2 »	2 25	344	
		054m id. . .	1 20	2 25	2 50	245	
		061m id. . .	1 35	2 50	2 75	346	
		068m id. . .	1 50	2 75	3 »	347	
		080m id. . .	1 60	3 25	3 50	348	

Nos des articles.	DÉSIGNATION DES TRAVAUX.		LE MÈTRE SUPERFICIEL. SAPIN.	CHÊNE.	NOYER.	Nos des PRIX.	OBSERVATIONS
	2me Section.						
	Bâtis au-dessus de 0,10c de largeur,						
	Au mètre superficiel.						
23	BATIS au-dessus de 0,10c de largeur, en bois des épaisseurs de	034m d'épaisseur.	7 50	14 50	16 50	349	
		041m *id.* . .	9 85	16 50	18 50	350	
		048m à 054m *id.* . .	11 75	19 »	22 »	351	
		061m *id.* . .	13 65	22 15	26 55	352	
		068m *id.* . .	14 90	26 60	31 90	353	
		080m *id.* . .	15 70	30 60	37 60	354	
	OBSERVATIONS.						
	Les moulures élégies sur les bâtis seront comptées séparément et payées suivant les prix alloués chapitre 24.				Obon.		

Nos DES ARTICLES.	DÉSIGNATION DES TRAVAUX.		LE MÈTRE SUPERFICIEL. SAPIN.	CHÊNE.	NOYER.	Nos des PRIX.	OBSERVATIONS.
	CHAPITRE XV.						
	FOURRURES, CHAMS, BANDEAUX ET PLINTHES ASSEMBLÉS OU NON D'ONGLETS, Au mètre superficiel.						
	Celles lisses en bois des épaisseurs de (Le mètre superficiel.)	013m à 016m d'épaisseur. .	4 85	9 30	10 05	355	
		020m à 027m *id.*	5 75	9 90	11 »	356	
		034m *id.*	6 75	11 10	12 45	357	
		041m *id.*	7 90	12 25	14 20	358	
		054m *id.*	11 45	17 30	19 90	359	
	Celles avec moulures sur la rive, en bois, des épaisseurs de	013m à 016m d'épaisseur. . .	5 55	10 10	10 85	360	
		020m à 027m *id.*	6 45	10 70	11 80	361	
		034m *id.*	7 50	12 10	13 35	362	
		041m *id.*	8 70	13 35	15 30	363	
		054m *id.*	12 45	18 40	21 »	364	

OBSERVATIONS ET MODE DE MESURAGE.

1° Les fourrures, chams, bandeaux, plinthes, etc. seront mesurés et comptés au mètre superficiel.

2° Toutes les coupes simples d'onglets en plus d'un par mètre linéaire de fourrures, chams, plinthes, etc. seront comptées séparément et payées suivant les prix alloués chapitre 24.

3° Tous les angles arrondis seront payés à part, ainsi que les entailles profilées des marches d'escalier (voir chapitre 24).

Parties cintrées.

4° Les fourrures, chams, bandeaux, plinthes, etc. qui seront débillardés et cintrés sur une rive, les largeurs seront prises à la plus grande dimension, et seront comptées 1/10e en plus pour plus value de déchet de bois et main-d'œuvre.

5° Les mêmes ouvrages de faible épaisseur qui seront ployés au moyen de traits de scie, seront comptés 1/10e en plus pour plus value de main-d'œuvre et déchets de bois.

6° Les mêmes ouvrages qui seront débillardés et cintrés sur les deux rives, leur longueur ou largeur seront comptées double pour plus value de main-d'œuvre et déchets de bois.

Nos des articles.	Désignation des travaux.		Le mètre superficiel. Sapin.	Chêne.	Noyer.	Nos des prix.	Observations.

CHAPITRE XVI.

STYLOBATES EN PLUSIEURS PIÈCES, DRESSÉS, BLANCHIS, CORROYÉS, RAINÉS, ASSEMBLÉS OU NON D'ONGLET,

Au mètre superficiel.

Nos des articles.	Désignation des travaux.		Sapin.	Chêne.	Noyer.	Nos des prix.	Observations.
	Ceux en 2 parties lisses, en bois des épaisseurs de	Les 2 parties réduites de 015m et 027m d'épaisseur	4 25	9 80	10 55	365	
		Les 2 parties réduites de 027m et 034m d'épaisseur	4 75	11 »	12 50	366	
	Ceux en 2 parties moulurées dans le haut, en bois des épaisseurs de	Les 2 parties réduites de 015m et 027m d'épaisseur	4 75	11 »	12 50	367	
		Les 2 parties réduites de 027m et 034m d'épaisseur	5 25	12 »	13 50	368	
	Ceux en 3 parties moulurées dans le haut, en bois des épaisseurs de	Les 2 parties réduites de 015m et 027m d'épaisseur	5 »	12 »	13 50	369	
		Les 2 parties réduites de 027m et 034m d'épaisseur	5 50	13 25	14 50	370	
	Ceux en 4 parties, avec cimaises et filets dans le haut, en bois des épaisseurs de	Les 3 parties réduites de 015m et 027m d'épaisseur. . . .	5 75	13 50	15 »	371	
		Les 3 parties réduites de 027m et 034m d'épaisseur. . . .	6 25	14 50	16 »	372	

OBSERVATIONS ET MODE DE MESURAGE

Des Stylobates.

1° Les stylobates seront mesurés et comptés au mètre superficiel.

2° Toutes les coupes simples d'onglet en plus d'une par mètre linéaire de stylobates seront comptées séparément et payées suivant les prix alloués chapitre 24.

3° Tous les angles arrondis et retours profilés seront comptés séparément ainsi que les entailles profilées dans le giron des marches d'escalier (voir chapitre 24).

Parties cintrées.

4° Les stylobates qui seront débillardés et cintrés sur une rive, les largeurs seront prises à la plus grande dimension et seront comptés 1/10e en plus pour plus value de déchet de bois et de main-d'œuvre.

5° Les mêmes ouvrages de faible épaisseur qui seront ployés au moyen de traits de scie, seront comptés 1/10e en plus pour plus value de main-d'œuvre et déchets de bois.

6° Les mêmes ouvrages qui seront débillardés et cintrés sur les deux rives, leurs longueurs ou largeurs seront comptés double pour plus value de main-d'œuvre et de déchet de bois.

Nos des articles.	DÉSIGNATION DES TRAVAUX.	LE MÈTRE SUPERFICIEL. SAPIN.	CHÊNE.	NOYER.	Nos des PRIX.	OBSERVATIONS
	CHAPITRE XVII.					
	CONTRE-CHAMBRANLES ET CONTRE-PILASTRES, DÉTACHÉS, DRESSÉS, BLANCHIS ET CORROYÉS, A 2 OU 4 PAREMENTS, ET ASSEMBLÉS D'ONGLET OU A TENONS,					
	Au mètre superficiel.					
	Ceux lisses ou unis sans moulures sur l'arête, en bois des épaisseurs de 015^{m} à 020^{m} d'épaisseur. .	6 50	10 80	11 80	373	
	027^{m} à 030^{m} *id.* . . .	7 »	12 »	13 25	374	
	034^{m} *id.* . . .	7 75	14 »	15 50	375	
	041^{m} *id.* . . .	9 25	16 »	17 75	376	
	Ceux avec moulures sur l'arête, ou plates-bandes sur la partie apparente, en bois des épaisseurs de 015^{m} à 020^{m} d'épaisseur. .	7 »	13 »	14 »	377	
	027^{m} à 030^{m} *id.* . . .	7 75	14 50	15 75	378	
	034^{m} *id.* . . .	8 50	16 50	18 »	379	
	041^{m} *id.* . . .	10 »	18 50	20 25	380	

OBSERVATIONS ET MODE DE MESURAGE.

1° Les contre-chambranles et contre-pilastres, seront mesurés au mètre superficiel.

2° Tous les assemblages à tenons et mortaises et ceux d'onglet en plus d'un par mètre linéaire de contre-chambranles et contre-pilastres, seront comptés séparément et payés suivant les prix alloués chapitre 24.

Parties cintrées.

3° Les contre-chambranles et contre-pilastres qui seront débillardés et cintrés sur une rive, les largeurs seront prises à la plus grande dimension et seront comptés 1/10e en plus pour plus value de déchet de bois et de main-d'œuvre.

4° Les mêmes ouvrages qui seront débillardés et cintrés sur les deux rives, leurs longueurs ou largeurs seront comptées double pour plus value de main-d'œuvre et déchets de bois (cette plus value comprend tous les assemblages).

Nos DES ARTICLES.	DÉSIGNATION DES TRAVAUX.	LE MÈTRE SUPERFICIEL. SAPIN.	CHÊNE.	NOYER.	Nos des PRIX.	OBSERVATIONS
	CHAPITRE XVIII					
	EMBRASURES DE PORTES ET ALAISES BLANCHIES ET CORROYÉES, A 3 OU 4 PAREMENTS, ET ASSEMBLÉES A LANGUETTES ET A RAINURES,					
	Au mètre superficiel.					
	Alaises, embrasures, etc., de 10c à 15c de largeur. . .	5 40	14 »	15 50	381	
	id. 16c à 20c *id.* . . .	4 90	13 »	14 50	382	
	id. 21c à 30c *id.* . . .	4 40	12 »	13 50	383	
	id. 31c et au-dessus *id.* . . .	4 »	11 »	12 50	384	

OBSERVATIONS ET MODE DE MESURAGE.

1° Les embrasures et alaises seront mesurées et comptées au mètre superficiel.

Parties cintrées.

2° Les embrasures et alaises qui seront débillardées et cintrées sur une rive, les largeurs seront prises à la plus grande dimension et seront comptées 1/10e en plus pour plus value de main-d'œuvre.

3° Les mêmes ouvrages de faible épaisseur qui seront ployés au moyen de traits de scie seront comptés 1/10e en plus pour plus value de main-d'œuvre.

4° Les mêmes ouvrages qui seront débillardés et cintrés sur les deux rives, leurs longueurs ou largeurs seront comptées double pour plus value de main-d'œuvre (cette plus value comprend tous les assemblages.

Nos DES ARTICLES.	DÉSIGNATION DES TRAVAUX.		LE MÈTRE SURERFICIEL. SAPIN.	CHÊNE.	NOYER.	Nos des PRIX.	OBSERVATIONS
	CHAPITRE XIX. — PILASTRES, Au mètre superficiel.						
	Lisses, blanchis et corroyés, à 3 ou 4 parements, avec plinthes lisses, astragales et chapiteaux, en bois des épaisseurs de	013^{m} à 020^{m} d'épaisseur.	10 50	20 »	22 »	386	
		027^{m} à 030^{m} *id.* . .	11 25	21 75	23 25	387	
		034^{m} *id.* . .	13 »	23 50	25 80	388	
		041^{m} *id.* . .	14 »	25 »	28 »	389	
	Élégies pour former cadres, à 2 ou 4 parcloses rapportées sur la hauteur, avec bases, astragales et chapiteaux, en bois des épaisseurs de	013^{m} à 020^{m} d'épaisseur.	17 20	28 10	30 »	390	
		027^{m} à 030^{m} *id.* . .	18 10	28 90	31 10	391	
		034^{m} *id.* . .	19 80	30 75	33 35	392	
		041^{m} *id.* . .	21 80	33 30	34 60	393	
	Élégies pour former cadres, à 6 parcloses sur la hauteur, en bois des épaisseurs de	013^{m} à 020^{m} d'épaisseur.	22 60	37 70	39 60	394	
		027^{m} à 030^{m} *id.* . .	23 50	38 60	40 80	395	
		034^{m} *id.* . .	25 40	40 75	43 40	396	
		041^{m} *id.* . .	27 80	43 50	44 80	397	
	Élégies pour former cadres, à 6 parcloses à bracelets, avec cannelures dans une partie de la hauteur, en bois des épaisseurs de	013^{m} à 020^{m} d'épaisseur.	28 80	43 70	45 70	398	
		027^{m} à 030^{m} *id.* . .	29 60	45 »	47 »	399	
		034^{m} *id.* . .	31 50	47 80	50 »	400	
		041^{m} *id.* . .	34 »	50 70	53 »	401	
	Élégies pour former cadres, à 6 parcloses à bracelets, avec cannelures à fûts ou à filets, en bois des épaisseurs de	013^{m} à 020^{m} d'épaisseur.	34 60	50 »	52 »	402	
		027^{m} à 030^{m} *id.* . .	36 »	52 »	54 »	403	
		034^{m} *id.* . .	38 »	55 »	58 »	404	
		041^{m} *id.* . .	40 »	58 »	61 »	405	

OBSERVATIONS ET MODE DE MESURAGE

Des Pilastres.

1° Tous les Pilastres seront mesurés et comptés au mètre superficiel ; seulement ceux qui n'auront pas 0m 10c de largeur, seront toujours comptés pour 0m 10c de largeur.

2° Pour les Pilastres qui auront des denticules dans les chapiteaux, il sera ajouté :

Pour chaque chapiteau avec denticule, en.	sapin.	»	90
	chêne.	1	10
	noyer.	1	20

3° Pour les Pilastres qui n'auront ni bases, ni astragales et chapiteaux, ou qui seront en pâte ou en carton-pierre au lieu d'être en bois, il sera déduit :

Pour chaque base moulurée, en.	sapin.	»	30
	chêne	»	40
	noyer	»	45
Pour chaque astragale, en.	sapin.	»	25
	chêne	»	35
	noyer.	»	40
Pour chaque chapiteau, en.	sapin.	»	45
	chêne	»	60
	noyer	»	70

Nos des articles.	DÉSIGNATION DES TRAVAUX.	LE MÈTRE LINÉAIRE.			Nos des prix.	OBSERVATIONS
		SAPIN.	CHÊNE.	NOYER.		
	CHAPITRE XX.					
	CHAMBRANLES, CADRES, MOULURES, CIMAISES, ETC.					
	1re Section.					
	Chambranles, Cadres, Cimaises, Moulures ordinaires, Parcloses, Architraves, Astragales ou autres, jusqu'à 05c de largeur, rapportés ou non sur les boiseries d'assemblages, coupés, posés et assemblés ou non d'onglet,					
	Au mètre linéaire.					
	Chambranles, Cadres, etc., en bois des épaisseurs de 020m à 030m d'épaisseur.	» 60	» 95	1 05	406	
	Chambranles, Cadres, etc., en bois des épaisseurs de 034m *id.*	» 70	1 05	1 15	407	
	2me Section.					
	Les mêmes ouvrages, de 055m à 07c de largeur,					
	Au mètre linéaire.					
	Chambranles, Cadres, etc., en bois des épaisseurs de 020m à 030m d'épaisseur.	» 75	1 25	1 50	408	
	Chambranles, Cadres, etc., en bois des épaisseurs de 034m *id.*	» 90	1 50	1 75	409	
	3me Section.					
	Chambranles et Moulures idem aux précédents, mais ravalés de moulures sur la face et sur l'épaisseur, jusqu'à 05c de largeur,					
	Au mètre linéaire.					
	Chambranles, Cadres, Moulures, etc., en bois des épaisseurs de 027m à 030m d'épaisseur.	» 80	1 30	1 50	410	
	Chambranles, Cadres, Moulures, etc., en bois des épaisseurs de 034m *id.*	» 90	1 40	1 60	411	
	Chambranles, Cadres, Moulures, etc., en bois des épaisseurs de 041m *id.*	1 20	1 55	1 80	412	
	4me Section.					
	Les mêmes ouvrages, de 055m à 07c de largeur,					
	Au mètre linéaire.					
	Chambranles, Cadres, Moulures, etc., en bois des épaisseurs de 027m à 030m d'épaisseur.	» 90	1 45	1 70	413	
	Chambranles, Cadres, Moulures, etc., en bois des épaisseurs de 034m *id.*	1 05	1 60	1 90	414	
	Chambranles, Cadres, Moulures, etc., en bois des épaisseurs de 041m *id.*	1 30	1 90	2 20	415	

Nos des articles.	DÉSIGNATION DES TRAVAUX.		LE MÈTRE SUPERFICIEL. Sapin.	Chêne.	Noyer.	Nos des prix.	OBSERVATIONS
	5me Section.						
	Chambranles, Cadres, Cimaises et Moulures ordinaires, Parcloses, Architraves, ou autres, au-dessus de 07c de largeur, en une ou plusieurs pièces,						
	Au mètre superficiel.						
24	Chambranles, Moulures, etc., en bois des épaisseurs de	020m à 027m d'épaisseur.	11 50	20 »	22 »	416	
		034m *id.* . .	12 50	21 »	23 »	417	
		041m *id.* . .	13 50	22 »	24 »	418	
	6me Section.						
	Chambranles et Moulures idem aux précédentes, mais ravalées de moulures sur la face et sur l'épaisseur,						
	Au mètre superficiel.						
25	Chambranles, Moulures, etc., en bois des épaisseurs de	027m à 030m d'épaisseur.	14 40	21 10	23 15	419	
		034m *id.* . .	15 45	22 50	24 90	420	
		041m *id.* . .	18 »	24 20	26 45	421	
		054m *id.* . .	20 30	28 35	30 55	422	
	NOTA. — Les Chambranles à caissons élégis de moulures, avec parcloses rapportées sur la hauteur, seront payés le même prix que les pilastres. (Voir chapitre 19.)				Obon.		

OBSERVATIONS ET MODE DE MESURAGE.

1° Les Chambranles ou Moulures rapportées sur les boiseries ou autres, seront comptés au mètre linéaire et superficiel.

2° Les Chambranles, Moulures, etc. qui auront des coins ronds tournés formant parcloses ou autres, les coins ronds ou parcloses tournés seront payés le même prix que ceux des Boiseries d'Assemblages. (Voir chapitre 9.)

Parties cintrées.

3° Les Chambranles, moulures, etc. qui seront débillardés et cintrés sur les deux rives, leurs longueurs ou largeurs seront comptées double pour plus value de main-d'œuvre et déchet de bois.

Nos des articles.	DÉSIGNATION DES TRAVAUX.	LE MÈTRE SUPERFICIEL.			Nos des prix.	OBSERVATIONS
		SAPIN.	CHÊNE.	NOYER.		
	CHAPITRE XXI. — CORNICHES, **Au mètre superficiel.** — **Corniches volantes ou de plusieurs pièces.**					
26	Celles au-dessus de 20c de développement seront payées, le mètre superficiel.	7 80	20 »	23 »	423	
	Celles au-dessous de 20c de développement seront payées, le mètre superficiel.	9 50	22 50	25 50	424	
	OBSERVATIONS ET MODE DE MESURAGE **DES CORNICHES.**					
	1° Les corniches seront mesurées à l'équerre en prenant la hauteur et la saillie additionnées ensemble et multipliées par la longueur prise dans la plus grande longueur du profil. 2° Tous les assemblages, joints et coupes d'onglets en plus d'un par mètre linéaire de corniches, seront comptés séparément et payés suivant les prix alloués chapitre 24. 3° Tous les contre-profils au droit des retours de pilastres ou autres, seront aussi comptés séparément suivant les prix alloués chapitre 24. 4° Les corniches qui seront polies et cirées, seront payées en plus des prix ci-dessus (voir la plus value allouée chapitre 23). 5° Les corniches formant gorges à l'intérieur ou bien à moulures style Louis XV, seront payées 2 1/0es en plus des prix ci-dessus, pour plus value de main-d'œuvre et déchets de bois	2 1/0	2 1/0	2 1/0	425	

Nos DES ARTICLES.	DÉSIGNATION DES TRAVAUX.	LE MÈTRE LINÉAIRE. SAPIN.	CHÊNE.	NOYER.	Nos des PRIX.	OBSERVATIONS.
	SUITE DES OBSERVATIONS ET MODE DE MESURAGE **DES CORNICHES.**					
	6° Les corniches avec denticules rapportées et collées, seront payées en plus, le mètre linéaire, pour celles en	» 50	» 80	1 »	426	
	7° Les corniches à caissons de 08c à 12c avec moulures ravalées ou rapportées formant parcloses, seront payées en plus, le mètre linéaire, pour celles en. .	» 75	1 20	1 80	427	
	8° Les corniches à caissons ou à compartiments de grande distance, ne seront pas considérées comme corniches à caissons; les parcloses rapportées seront payées à part, suivant les prix alloués chapitre 20, et toutes les coupes simples d'onglets en plus d'une par mètre, seront aussi comptées séparément.			Obon.		
		LA PIÈCE. SAPIN.	CHÊNE.	NOYER.		
	9°. Les consoles profilées sous les corniches, seront comptées séparément des corniches et payées à la pièce:					
	Consoles sans Tailloirs. de 034m d'épaisseur et 08c à 12c de saillie, et de 12c à 20c de hauteur.	» 35	» 60	» 70	428	
	de 041m d'épaisseur et 08c à 12c de saillie, et de 12c à 20c de hauteur.	» 50	» 75	» 85	429	
	de 054m d'épaisseur et 08c à 12c de saillie, et de 15c à 20c de hauteur.	» 65	» 90	1 »	430	
	de 061m d'épaisseur et 08c à 12c de saillie, et de 15c à 20c de hauteur.	» 90	1 20	1 30	431	
	Consoles avec Tailloirs. de 034m d'épaisseur et 08c à 12c de saillie, et de 12c à 20c de hauteur.	» 50	» 85	» 95	432	
	de 041m d'épaisseur et 08c à 12c de saillie, et de 12c à 20c de hauteur.	» 65	1 »	1 10	433	
	de 054m d'épaisseur et 08c à 12c de saillie, et de 15c à 20c de hauteur.	» 85	1 20	1 30	434	
	de 061m d'épaisseur et 08c à 12c de saillie, et de 15c à 20c de hauteur.	1 10	1 50	1 60	435	
	Les corniches cintrées seront mesurées comme les chambranles cintrés.			Obon.		

Nos des articles.	DÉSIGNATION DES TRAVAUX.	LE MÈTRE LINÉAIRE. SAPIN.	CHÊNE.	NOYER.	Nos des prix.	OBSERVATIONS
	CHAPITRE XXII. — BAGUETTES D'ANGLE, BARRES D'APPUI, CRÉMAILLÈRES ET TASSEAUX, Au mètre linéaire.					
27	BAGUETTES D'ANGLE en bois des épaisseurs de 020m à 030m de diamètre.	» 45	» 75	» 95	436	
28	BARRES d'appui ou de banquettes. Profil olive en bois des épaisseurs de 034m à 055m d'épaisseur.	1 30	2 25	2 50	437	
	id. 041m à 061m *id.* . .	1 40	2 50	2 75	438	
	Profil à gorge en bois des épaisseurs de 034m à 055m d'épaisseur.	1 50	2 50	2 75	439	
	id. 041m à 061m *id.* . .	1 60	2 75	3 »	440	
	CRÉMAILLÈRES. Pour Bibliothèques ou autres.	» 70	1 »	1 25	441	
29	TASSEAUX blanchis et corroyés, 4 parements coupés, posés, pour Tablettes en rayons ordinaires, de 027m à 035m d'épaisseur.	» 30	» 45	» 50	442	
	Tablettes de Bibliothèque. 027m à 030m d'épaisseur.	» 45	» 60	» 70	443	

Nos DES ARTICLES.	DÉSIGNATION DES TRAVAUX.		LE MÈTRE superficiel en CHÊNE ou NOYER.	Nos des PRIX.	OBSERVATIONS.
	CHAPITRE XXIII.				
	PLUS VALUE DE PAREMENTS DE CHÊNE ET NOYER, POLIS ET CIRÉS.				
	NOTA. — Les prix qui suivent comprennent la plus value de choix de bois propre au polissage.				
30	POLISSAGE à la cire et au liége, sur	Parties unies ou lisses.	» 75	444	
30	POLISSAGE à la cire et au liége, sur	Parties vitrées à grands carreaux (sans déduction des vitres)..	» 60	445	
30	POLISSAGE à la cire et au liége, sur	Parties vitrées à petits carreaux (sans déduction des vitres)..	» 75	446	
30	POLISSAGE à la cire et au liége, sur	Lambris à petits cadres, n'importe le profil.	1 15	447	
30	POLISSAGE à la cire et au liége, sur	Lambris à grands cadres embrevés, n'importe le profil..	1 40	448	
30	POLISSAGE à la cire et au liége, sur	Moulures, Corniches, etc.	1 65	449	
31	POLISSAGE à l'encaustique, sur (Le mètre superficiel.)	Parties unies ou lisses.	» 45	450	
31	POLISSAGE à l'encaustique, sur (Le mètre superficiel.)	Parties vitrées à grands carreaux (sans déduction des vitres)..	» 35	451	
31	POLISSAGE à l'encaustique, sur (Le mètre superficiel.)	Parties vitrées à petits carreaux (sans déduction des vitres)..	» 45	452	
31	POLISSAGE à l'encaustique, sur (Le mètre superficiel.)	Lambris à petits cadres, n'importe le profil..	» 65	453	
31	POLISSAGE à l'encaustique, sur (Le mètre superficiel.)	Lambris à grands cadres embrevés, n'importe le profil..	» 75	454	
31	POLISSAGE à l'encaustique, sur (Le mètre superficiel.)	Moulures, Corniches, etc..	» 90	455	

N^{os} des articles.	Désignation des travaux.	La pièce, en Sapin.	Chêne.	Noyer.	N^{os} des prix.	Observations
	CHAPITRE XXIV.					
	OUVRAGES DIVERS PAR ORDRE ALPHABÉTIQUE.					
	A.					
32	Arrondissemens d'angles à la lime de Tablettes ou autres. (La pièce.) — Pour un rayon de 10^c à 15^c. — de 027^m à 030^m d'épaisseur, à l'atelier.	» 10	» 15	» 15	456	
	id. — de 027^m à 030^m d'épaisseur, sur le tas.	» 12	» 18	» 18	457	
	id. — de 041^m à 054^m d'épaisseur, à l'atelier.	» 12	» 18	» 18	458	
	id. — de 041^m à 054^m d'épaisseur, sur le tas.	» 15	» 22	» 22	459	
	id. — de 061^m à 08^c d'épaisseur, à l'atelier.	» 15	» 25	» 25	460	
	id. — de 061^m à 08^c d'épaisseur, sur le tas.	» 20	» 30	» 30	461	
	Pour un rayon de 16^c à 25^c. — de 027^m à 030^m d'épaisseur, à l'atelier.	» 15	» 22	» 22	462	
	id. — de 027^m à 030^m d'épaisseur, sur le tas.	» 17	» 25	» 25	463	
	id. — de 041^m à 054^m d'épaisseur, à l'atelier.	» 17	» 25	» 25	464	
	id. — de 041^m à 054^m d'épaisseur, sur le tas.	» 20	» 27	» 27	465	
	id. — de 061^m à 08^c d'épaisseur, à l'atelier.	» 20	» 30	» 30	466	
	id. — de 061^m à 08^c d'épaisseur, sur le tas.	» 25	» 35	» 35	467	
	De plinthes ou autres.	» 03	» 08	» 08	468	
	De stylobates de toute hauteur.	» 12	» 20	» 20	469	
		LE MÈTRE LINÉAIRE. Sapin.	Chêne.	Noyer.		
33	Arrondissemens D'ÉPAISSEURS à la lime, en goutte de suif. (Le mètre linéaire.) — De Tablettes ou autres de 013^m à 027^m d'épaisseur.	» 12	» 20	» 20	470	
	id. — 034^m à 041^m *id.* . .	» 15	» 25	» 25	471	
	id. — 054^m à 061^m *id.* . .	» 18	» 35	» 35	472	
	id. — 08^c *id.* . .	» 25	» 50	» 50	473	
	NOTA. — Les Arrondissements d'épaisseurs faits sur parties circulaires, seront comptés le double de ceux sur parties droites.					

Nos des articles.	Désignation des travaux.				La pièce, en Sapin.	Chêne.	Noyer.	Nos des prix.	Observations.
	Suite des Ouvrages divers par ordre alphabétique.								
	A.								
34	Assemblages. (La pièce.)	A tenons ou à queue, de 08c à 11c de largeur, en bois de	034m d'épaisseur.	à l'atelier.	» 11	» 15	» 15	474	
				sur le tas.	» 15	» 22	» 22	475	
			041m à 054m d'épaisseur.	à l'atelier.	» 13	» 22	» 22	476	
				sur le tas.	» 20	» 35	» 35	477	
			061m à 08c d'épaisseur.	à l'atelier.	» 16	» 30	» 30	478	
				sur le tas.	» 25	» 45	» 45	479	
		A tenons d'onglet de 08c à 11c de largeur, en bois de	034m d'épaisseur.	à l'atelier.	» 40	» 50	» 50	480	
				sur le tas.	» 55	» 80	» 80	481	
			041m à 054m d'épaisseur.	à l'atelier.	» 50	» 75	» 75	482	
				sur le tas.	» 70	1 »	1 »	483	
			061m à 08c d'épaisseur.	à l'atelier.	» 60	» 90	» 90	484	
				sur le tas.	» 90	1 30	1 30	485	
		Flottés de 08c à 11c.	de 034m d'épaisseur.	à l'atelier.	» 45	» 60	» 60	486	
				sur le tas.	» 60	» 90	» 90	487	
			de 041m à 054m d'épaisseur.	à l'atelier.	» 55	» 85	» 85	488	
				sur le tas.	» 75	1 10	1 10	489	
			de 061m à 080m d'épaisseur.	à l'atelier.	» 65	1 »	1 »	490	
				sur le tas.	» 95	1 40	1 40	491	

NOTA. — 1° Ces assemblages ne seront comptés séparément des bâtis, esseliers, chambranles, corniches ou autres parties, que lorsqu'ils auront été faits accidentellement, et sur les parties qui auront été estimées comme ne comportant pas lesdits assemblages, ou bien encore, lorsque la moyenne des assemblages de l'ensemble des travaux excédera plus d'un assemblage par mètre, l'excédant, dans ce cas, sera compté séparément, aux prix alloués ci-dessus.

2° Les mortaises seules vaudront les deux tiers des assemblages.... Obon.

Nos DES ARTICLES.	DÉSIGNATION DES TRAVAUX.	LA PIÈCE, EN SAPIN.	CHÊNE.	NOYER.	Nos des PRIX.	OBSERVATIONS.
	Suite des Ouvrages divers par ordre alphabétique.					
	C.					
35	COUPES simples d'onglets pour chambranles, moulures, cimaises, corniches, etc., en bois des épaisseurs de 027m à 030m d'épaisseur. jusqu'à 05c de largeur. à l'atelier.	» 03	» 04	» 04	492	
	sur le tas.	» 05	» 06	» 06	493	
	de 08c à 15c de largeur. à l'atelier.	» 05	» 06	» 06	494	
	sur le tas.	» 08	» 10	» 10	495	
	de 16c à 25c de largeur. à l'atelier.	» 08	» 10	» 10	496	
	sur le tas.	» 12	» 15	» 15	497	
	de 027m à 030m d'épaisseur. de 26c à 35c de largeur. à l'atelier.	» 12	» 15	» 15	498	
	sur le tas.	» 20	» 25	» 25	499	
	de 36c à 50c de largeur. à l'atelier.	» 20	» 30	» 30	500	
	sur le tas.	» 30	» 40	» 40	501	
	de 034m à 041m d'épaisseur. jusqu'à 05c de largeur. à l'atelier.	» 04	» 05	» 05	502	
	sur le tas.	» 06	» 07	» 07	503	
	de 08c à 15c de largeur. à l'atelier.	» 06	» 07	» 07	504	
	sur le tas.	» 09	» 11	» 11	505	
	de 16c à 25c de largeur. à l'atelier.	» 09	» 12	» 12	506	
	sur le tas.	» 13	» 17	» 17	507	
	de 26c à 35c de largeur. à l'atelier.	» 13	» 18	» 18	508	
	sur le tas.	» 22	» 28	» 28	509	
	de 36c à 50c de largeur. à l'atelier.	» 25	» 32	» 32	510	
	sur le tas.	» 35	» 45	» 45	511	
	de 054m à 061m d'épaisseur. jusqu'à 05c de largeur. à l'atelier.	» 06	» 08	» 08	512	
	sur le tas.	» 08	» 10	» 10	513	
	de 08c à 15c de largeur. à l'atelier.	» 08	» 11	» 11	514	
	sur le tas.	» 11	» 13	» 13	515	
	de 16c à 25c de largeur. à l'atelier.	» 12	» 14	» 14	516	
	sur le tas.	» 17	» 20	» 20	517	
	de 26c à 35c de largeur. à l'atelier.	» 18	» 30	» 30	518	
	sur le tas.	» 28	» 35	» 35	519	
	de 36c à 50c de largeur. à l'atelier.	» 32	» 38	» 38	520	
	sur le tas.	» 45	» 50	» 50	521	

NOTA.— Les coupes simples d'onglets ne seront comptées séparément des chambranles, corniches ou autres parties, que lorsqu'ils auront été faits accidentellement et sur les parties qui auront été estimées comme ne comportant pas lesdits assemblages, ou bien encore lorsque la moyenne des assemblages de l'ensemble des tra-

Nos DES ARTICLES.	DÉSIGNATION DES TRAVAUX.	LA PIÈCE, EN SAPIN.	LA PIÈCE, EN CHÊNE.	LA PIÈCE, EN NOYER.	Nos des PRIX.	OBSERVATIONS
	Suite des Ouvrages divers par ordre alphabétique.					
	C.					
	vaux excédera plus d'un assemblage par mètre; l'excédant, dans ce cas, sera compté séparément aux prix alloués ci-dessus.					
	2° Les assemblages d'onglets seront payés le double des coupes simples d'onglets..			Obon.		
	3° Les contre-profils d'onglets au droit des retours de pilastres ou autres, seront payés le même prix que les assemblages d'onglets. 4° Les coupes refouillées pour développement dans les plinthes, cimaises et stylobates, vaudront les assemblages d'onglets.......			Obon.		
	E.					
	Entailles profilées dans les plinthes et stylobates contre le giron des marches d'escalier	» 20	» 35	» 35	522	
	G.	LA PIÈCE, EN SAPIN.	CHÊNE OU NOYER.			
27	GOUSSETS ou consoles à chantournements simples pour supports de tablettes, rayons, etc., en bois des épaisseurs de 027m à 030m d'épaisseur. de 10c à 20c de saillie.	» 35	» 75		523	
	de 25c à 35c *id.*	» 55	1 25		524	
	de 40c à 50c *id.*	» 75	1 50		525	
	de 034m à 041m d'épaisseur. de 10c à 20c de saillie.	» 50	1 »		526	
	de 25c à 35c *id.*	» 75	1 50		527	
	de 40c à 50c *id.*	1 25	2 »		528	
	J.	PRIX.				
28	JOURNÉES compris bénéfices. de Menuisier.	4 fr. 50 c.			529	
	de Menuisier marchandeur.	5 fr. » c.			530	
	de Parqueteur.........	6 fr. » c.			531	
	NOTA. — 1° Les nuits seront payées moitié en plus des prix de la journée ci-dessus..	Obon.				
	2° Les journées pour travaux à la campagne seront payées 1/4 en plus des prix ci-dessus. Cette indemnité comprend tous les frais de déplacement, voitures ou autres..	Obon.				

Nos DES ARTICLES.	DÉSIGNATION DES TRAVAUX.	LA PIÈCE, EN SAPIN.	CHÊNE.	NOYER.	Nos des PRIX.	OBSERVATIONS.
	Suite des Ouvrages divers par ordre alphabétique.					
	P.					
29	PIÈCES rapportées au droit d'une fiche ou d'une charnière.	» 12	» 15	» 15	532	
	— d'un petit bois.	» 20	» 25	» 25	533	
	— d'une serrure ou d'une paumelle.	» 25	» 30	» 30	534	
30	POTENCES d'assemblages ou pieds de chèvre, en bois des épaisseurs de 027m à 030m d'épaisseur. de 20c de saillie.	» 50	» 65	» 70	535	
	— de 25c à 35c *id.* .	» 65	» 80	» 90	536	
	— de 40c à 50c *id.* .	» 75	» 95	1 05	537	
	de 034m d'épaisseur. de 20c de saillie.	» 60	» 75	» 80	538	
	— de 25c à 35c *id.* .	» 75	» 90	1 »	539	
	— de 40c à 50c *id.* .	1 »	1 10	1 20	540	
	de 041m d'épaisseur. de 20c de saillie.	» 65	» 85	» 90	541	
	— de 25c à 35c *id.* .	» 85	1 »	1 10	542	
	— de 40c à 50c *id.* .	1 25	1 20	1 35	543	
	de 054m d'épaisseur. de 20c de saillie.	» 75	» 95	1 »	544	
	— de 25c à 35c *id.* .	» 95	1 10	1 25	545	
	— de 40c à 50c *id.* .	1 50	1 35	1 55	546	
	NOTA. — Toutes les Potences ou Pieds de chèvre au-dessus de ces dimensions, seront développés et payés comme bâtis, et les assemblages, en plus d'un par mètre linéaire, seront payés séparément.				Obon.	
	R.	LE MÈTRE SUPERFICIEL, EN SAPIN.	CHÊNE OU NOYER.			
31	Rabotage et replanissage de vieux parquets non déposés.	» 60	1 »		547	
	Raclage de vieux parquets non déposés.	» 45	» 75		548	
	Raclage de vieux parquets non déposés, et de plus encaustiqués et frottés.	» 80	1 25		549	
		LA PIÈCE, EN BOIS DUR.				
	Rosettes ou chevilles tournées de portemanteau ordinaire, la pièce, compris bandeaux de 10c à 12c de largeur.	» fr. 50 c.			550	
	Roulons de râteliers d'écurie en réparation, de 04c de diamètre et de 60c à 75c de longueur, ordinaires.	1 fr. 20 c.			551	
	— tournés à balustres.	2 fr. 25 c.			552	

Nos DES ARTICLES.	DÉSIGNATION DES TRAVAUX.	LA PIÈCE, EN SAPIN.	CHÊNE.	NOYER.	Nos des PRIX.	OBSERVATIONS
	Suite des Ouvrages divers par ordre alphabétique.					
	S.					
	Sabots cintrés pour plinthes (la pièce).	» 60	» 80	» 90	553	
32	SOCLES en réparation. (La pièce.) De moulures de 027^m à 034^m sur 04^c à 06^c et de 11^c à 13^c de hauteur.	» 25	» 35	» 45	554	
	De chambranles en raccords de 027^m à 041^m sur 08^c à 12^c et de 11^c à 13^c de hauteur..	» 35	» 45	» 55	555	
	De chambranles en raccords de 054^m à 061^m sur 08^c à 12^c et de 11^c à 13^c de hauteur..	» 50	» 65	» 75	556	

Nos DES ARTICLES.	DÉSIGNATION DES TRAVAUX.	LA PIÈCE, EN SAPIN..	CHÊNE ET SAPIN. (A)	CHÊNE.	NOYER.	Nos DES PRIX.	OBSERVATIONS.
	T.						
33	TIROIRS à têtes de 027^m à 034^m, côtés de 013^m à 020^m, assemblés à queue, fond de 015^m à 020^m embrevé. (La pièce.) La mesure prise à l'équerre. — De 08^c à 09^c de hauteur. de 0^m 32^c à l'équerre.	1 50	2 »	2 50	3 »	557	
	de 0^m 65^c *id.* . .	2 50	3 »	3 60	4 »	558	
	de 1^m 00^c *id.* . .	3 20	3 75	4 40	6 »	559	
	de 1^m 30^c *id.* . .	4 50	5 35	6 75	7 30	560	
	De 11^c à 12^c de hauteur. de 0^m 32^c à l'équerre.	1 80	2 50	3 »	3 50	561	
	de 0^m 65^c *id.* . .	2 90	3 60	4 »	4 60	562	
	de 1^m 00^c *id.* . .	3 75	4 45	6 »	6 70	563	
	de 1^m 30^c *id.* . .	5 »	6 75	7 30	8 »	564	
	NOTA. — Les autres proportionnellement et pour la différence existant entre les dimensions ci-dessus..................................				Obon.		
	(A) Aux tiroirs en chêne et sapin, il n'y a que le fond en sapin...				Obon.		

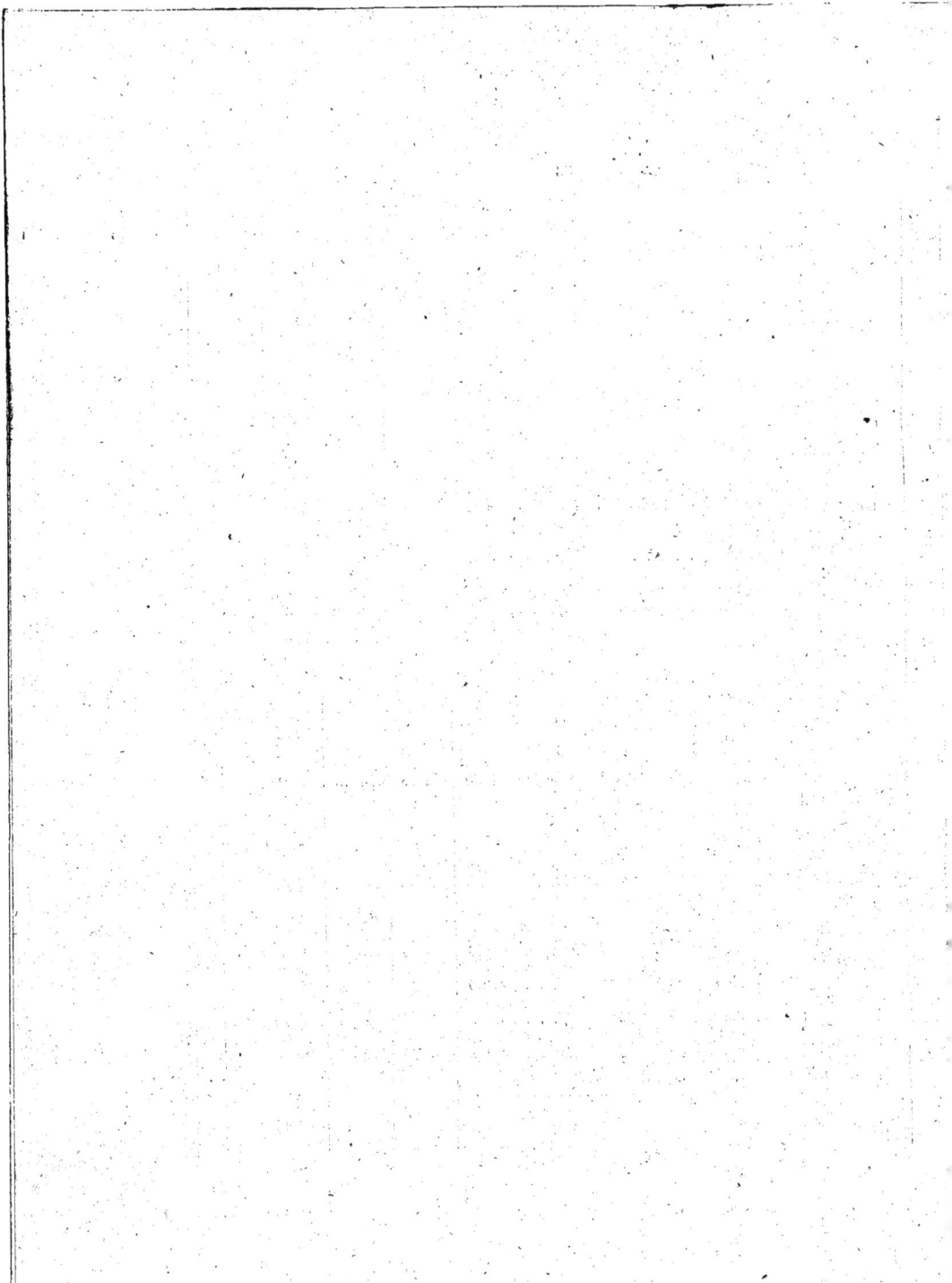

TABLE DES MATIÈRES.

PRIX DE BASE.

PRIX DE RÈGLEMENT.

CHAPITRE Ier.

Chanoine, impr. à Lyon.